现代农业产业技术培训丛书

现代白菜类蔬菜产业技术

农业部农民科技教育培训中心
中央农业广播电视学校
组编

中国农业大学出版社
·北京·

图书在版编目(CIP)数据

现代白菜类蔬菜产业技术/农业部农民科技教育培训中心,中央农业广播电视学校组编.—北京:中国农业大学出版社,2011.6

ISBN 978-7-5655-0280-4

Ⅰ.①现… Ⅱ.①农…②中… Ⅲ.①白菜类蔬菜-蔬菜园艺 Ⅳ.①S634

中国版本图书馆 CIP 数据核字(2011)第 086775 号

书　　名 现代白菜类蔬菜产业技术

作　　者 农业部农民科技教育培训中心
中央农业广播电视学校 组编

责任编辑 高　欣　张　玉　　**责任校对** 陈　莹　王晓凤

封面设计 郑　川

出版发行 中国农业大学出版社

社　　址 北京市海淀区圆明园西路 2 号 **邮政编码** 100193

电　　话 发行部 010-62818525,8625　读者服务部 010-62732336
编辑部 010-62732617,2618　出　版　部 010-62733440

网　　址 http://www.cau.edu.cn/caup **E-mail** cbsszs@cau.edu.cn

经　　销 新华书店

印　　刷 北京时代华都印刷有限公司

版　　次 2011 年 6 月第 1 版　2011 年 6 月第 1 次印刷

规　　格 787×1 092　32 开本　4 印张　83 千字

印　　数 1～5 000

定　　价 6.70 元

《现代农业产业技术培训丛书》
编委会

《现代白菜类蔬菜产业技术》
编审人员

编　著　王承香　刘振龙

审　稿　黄广学　张景林　朱闻军　陈肖安

内 容 简 介

本书着重介绍现代白菜类蔬菜产业的现状和发展趋势，以及白菜类蔬菜生产设施、白菜类蔬菜育苗技术等主要栽培技术措施等方面的新技术、新方法。

本书采用问答形式，内容注重新知识和新成果，实用性与针对性强，通俗易懂，可读性强，为蔬菜产业农民提供可靠的技术指导，也可作为蔬菜生产技术及管理人员的学习参考用书。

序

建设现代农业是农业发展的方向。推进现代农业建设，必须把农业的科技创新放到突出的位置，必须把农业的增长方式转移到依靠科技进步和提高农业劳动者素质的轨道上来，用现代物质条件装备农业，用现代科学技术改造农业，用现代产业体系提升农业，用现代经营方式推进农业，用现代发展理念引领农业，用培养专业农民发展农业。推进现代农业建设，必须提高农业水利化、机械化和信息化水平。为此，农业部提出了以建立农业科技创新体系作为现代农业建设的突破口的现代农业产业技术体系。

建设现代农业产业技术体系是农业技术研发与推广工作中的重大制度创新、机制创新和管理创新。农民是农业和农村经济结构调整的主体，是科学技术转化的重要载体，只有大量的科技成果最终被农民所掌握，才能转化为现实生产力，才能使更多的农民适应现代农业的发展要求。

为促进农民科技培训工作的系统化、规范化、制度化，我们根据农业部领导与科教司的指示精神，组织完成了《现代农业产业技术培训丛书》编写任务。这既是开展专业职业农民培训工作的需要，也是考核专业职业农民培训效果的标准。

《现代农业产业技术培训丛书》以培养有文化、懂技术、会经营、能示范的专业农民和农民技术员为目标，以动植物生产环节为主线，突出了动植物的生产、储藏、加工、销售等培训环节，强调了专业职业农民必须了解或掌握的基本知识和生产技能。《现代农业产业技术培训丛书》以技能掌握为核心，将应知的知识点融入操作实践中，用通俗、简洁的语言告诉农民“你该做什么，你该怎样做”，具有很强的针对性、实用性和可操作性。

真诚地希望这套《现代农业产业技术培训丛书》能够适合文化程度不同、学习要求不同的专业农民使用，为建设现代农业做出新的贡献。

曾一春

2011年3月

编写说明

农业产业化作为农村经济体制改革的重大创新，是农业产业结构战略性调整的重要带动力量，已成为推动传统农业向现代农业转变、实现农业最大效益的必然选择。

蔬菜产业是农业产业结构的重要组成部分。使农民充分认识蔬菜生产产业化发展的重要意义，着眼未来，创新现在，掌握蔬菜产业技术，大力发展蔬菜产业合作组织，着力培育一批规模适度、效益良好、科技含量高的蔬菜产业示范村、示范户或示范园，加快新技术向现实生产力的转化，已经是当务之急、大势所趋。

本书以现代白菜类蔬菜产业技术为主线，针对当前现代白菜类蔬菜产业生产现状，面向适度生产经营规模的专业农民和蔬菜生产技术员，突出产业技术产业技能。主要阐述了现代白菜类蔬菜产业技术产业现状、发展趋势、现代白菜类蔬菜生产设施、白菜类蔬菜育苗技术、主要白菜类蔬菜栽培技术措施等，重点就蔬菜产业农民实际生产中遇到的问题提出了相应的应对措施和解决办法。

本书以问答形式向学员和读者展现了现代白菜类蔬菜的各项技术和技能，每一部分均注重理论联系实际、图文并茂、深入浅出、通俗易懂，突出了农民教材的先进性、可读性、技术性、实用性和可操作性，既可作为蔬菜产业农民的培训教材，也可作为蔬菜生产技术及管理人员的参考用书。

农业部农民科技教育培训中心
中央农业广播电视学校
2011 年 3 月

目　录

一、现代白菜类蔬菜产业现状

1. 白菜类蔬菜包括哪些蔬菜？常种植的有哪些？

白菜类蔬菜，是指主要以硕大的叶球或花球、球茎、嫩叶、花薹等供食用的一大类蔬菜。其种类繁多，均为十字花科芸薹属。主要包括云薹（大白菜、小白菜、乌塌菜、菜薹、芜菁等）、甘蓝（结球甘蓝、皱叶甘蓝、抱子甘蓝、球茎甘蓝、芥蓝、花椰菜、青花菜等）、芥菜（叶用芥菜、茎用芥菜、根用芥菜等）三大类。

目前常种植的主要有大白菜、小白菜、结球甘蓝、花椰菜及青花菜、芥菜等。

2. 我国白菜类蔬菜的生产现状及趋势如何？

生产现状：

白菜类蔬菜是我国重要的栽培蔬菜之一，全国各地均有栽培，尤其是大白菜。据农业部 2006 年统计，全国大白菜播种面积为 3 935 万亩（1 亩＝667 米^2），占蔬菜总播种面积的 14.4％，栽培面积和产量为各种蔬菜作物之首，白菜生产在蔬菜种植业中占有主导地位。甘蓝也是我国的主要蔬菜品种之一，其播种面积和产量在所有蔬菜中位居第三，是近年来栽培面积发展最快的长途运销蔬菜，在春、夏、秋、冬四季周年供应中占有重要地位。

白菜类蔬菜不仅是我国重要的露地栽培蔬菜，也是重要的设施栽培蔬菜。因此，白菜类蔬菜在我国蔬菜生产和供应中，有着举足轻重的作用。

发展趋势：

(1)生产设施化。以日光温室、塑料大棚为主体的设施白菜类蔬菜生产将成为专业化生产的重要形式，传统的露地白菜类蔬菜生产形式将逐渐减少。

(2)生产标准化。从土壤选择、品种选用、生产管理到产品收获等一系列过程均实行规范的生产标准。

(3)品种多样化。除了传统的白菜品种生产外，贮运品种及娃娃菜、小型白菜、苗用白菜品种等也将在一定范围内逐渐扩大种植规模。

(4)栽培模式和消费模式的变化。近些年来，大白菜的栽培和消费模式发生了重大变化。由过去种植大株品种、以大型白菜球消费为主，发展为大球、苗用大白菜、娃娃菜和小型白菜多种栽培和消费模式并存。苗用菜、娃娃菜和小型白菜由于具有品质好、生长周期短、生产效益高、适合目前我国家庭人口少的消费等优势，很受生产和消费者的青睐，市场前景看好。

3. 白菜类蔬菜有哪些营养保健功能?

白菜类蔬菜中含有丰富的矿物质、维生素和粗纤维等（表1），是维持人体生命所需维生素和矿物质的重要来源。另外，

白菜类蔬菜中还含有蛋白质、脂肪、氨基酸等营养成分以及具有医疗保健作用的特殊成分，能够治疗和预防某些疾病。例如，白菜中含有的粗纤维，不但能起到润肠、促进排毒的作用，又有刺激肠胃蠕动，促进大便排泄，帮助消化的功能，对预防肠癌亦有良好的作用。甘蓝中的维生素 U 在绿色蔬菜中居于首位，维生素 P 的含量也在蔬菜中名列前茅，还含有多量的维生素 E 和胡萝卜素，均具有抗癌作用。甘蓝族蔬菜中均含有吲哚类化合物，实验研究证明，“吲哚”具有抗癌作用。花椰菜中的维生素 K 能维护血管的韧性，不易破裂。花椰菜中含有的类黄酮除了可以防止感染，还是最好的血管清洁剂；抗氧化剂异硫氰化物可以避免眼睛受到阳光中紫外线的伤害。

表 1　每百克主要白菜类蔬菜营养含量　　毫克

营养	蔬菜			
	大白菜	甘蓝	花椰菜	小白菜
蛋白质	1 700	1 500	2 100	1 500
脂肪	200	200	200	300
糖类	3 100	3 600	3 400	1 600
粗纤维	600	1 000	1 200	1 100
钾	90	124	200	178
钙	69	49	23	90
磷	33	26	47	36
铁	0.5	0.6	1.1	1.9
钠	89.3	27.2	31.6	73.5
锌	0.21	0.25	0.38	0.51
硒(微克)	0.33	0.96	0.73	1.17

续表 1

营养	蔬菜			
	大白菜	甘蓝	花椰菜	小白菜
维生素 B_1	0.06		0.03	0.02
维生素 B_2	0.07		0.08	0.09
尼克酸	0.3	0.4	0.6	0.7
维生素 C	47	40	61	28

注：部分数据来自营养师中国（www.yyscn.com）。

4. 白菜类蔬菜的市场需求及营销现状如何？

大白菜是原产于我国的传统蔬菜，也是人们最喜爱的蔬菜之一，因为它分布广、面积大、产量高、耐贮运、供应期长、营养丰富、食用方法多样，再加上种植较简易、省工、成本较低、价格低廉，所以，在我国冬季蔬菜市场中占有重要地位。但是随着人民生活水平的日益提高，蔬菜种类日趋丰富，市场对大白菜产品提出了新的要求：供应上要求四季有大白菜，特别是春季、夏季等反季节需求逐年增加；产品质量要求营养保健、无公害；商品性要求小型化、彩色化；食用性上要求生食、熟食兼备。总体而言，近年来，大白菜的栽培面积和销售产量稳中有升，在蔬菜产品中仍保持第一的位置。

白菜类蔬菜耐贮藏，而且便于长距离运输，在全国各地均有供应。白菜类蔬菜除满足国内市场需求外，出口的蔬菜也占有一定的比例，有速冻蔬菜、保鲜蔬菜以及盐渍菜等，涉及的品种类型主要有大白菜、小白菜、娃娃菜、甘蓝、花椰菜等。

5. 我国白菜类蔬菜的贮藏加工业发展现状及趋势怎样?

我国幅员辽阔,气候复杂,由南到北,冬淡季的时期各有长短,像北京地区共有5个多月的时间主要依靠贮藏大白菜来保证供应;黑龙江北部地区,全年露地生长期短,冬淡季的时间更长,大约7个月的时间主要依靠贮藏大白菜来解决蔬菜问题。至于南方地区,耐冷凉气候的蔬菜较多,可以在冬季露地安全越冬,但为了丰富花色种类,在大白菜收获后,也需短期贮藏,延长供应时间。因此,大白菜的贮藏是解决冬淡季蔬菜供应的主要方法之一。甘蓝产量高,耐贮运,营养丰富,远销国内、外。花椰菜又名菜花,也是人们喜食的细菜之一。花椰菜虽然分春、秋两季种植,但上市期仅限于5~6月份和9~11月份,尤其秋季花椰菜采收后,利用自然低温贮藏到冬季供应,可明显地增加经济效益。

白菜类蔬菜的贮藏方法很多,其主要原理是利用低温来贮藏蔬菜。根据低温条件的来源,可分为自然降温贮藏和人工降温贮藏两大类。窖藏和自然通风库贮藏等比较简易的贮藏方法,属于自然降温贮藏。机械冷库贮藏主要采取人工降温贮藏。

白菜类蔬菜种类繁多,风味各异,适合进行加工增值。白菜类蔬菜的加工方法比较多,常见的主要有泡菜、酸菜、甜甘蓝、辣甘蓝等腌制加工、脱水甘蓝的加工、速冻花椰菜的加工等。

6. 我国白菜类蔬菜的出口创汇情况如何?

我国加入 WTO 后,蔬菜产业在农产品进出口贸易中占有优势地位,这给我国蔬菜产业发展提供了极好机遇,主体出口市场得到巩固发展,骨干出口市场显著扩大。

发展外销品种是大白菜发展的一个重要方向,根据不同地区消费习惯和喜好,培育适宜的大白菜新品种,逐步将大白菜推广为国际化的蔬菜。我国特区香港市民喜欢帮脆叶绿、品质好的津绿 60 类型;东南亚人民喜爱外观好、品质佳、长短一致、上下等粗、耐贮运、货架期长的北京新 3 号类型;合抱类型大白菜在欧美国家的超市周年均可见;黄心类型品种在日本和韩国深受欢迎。目前,虽然中国大白菜在国际市场上所占份额较少,但从发展角度来看,愈来愈会被国际市场所认可和接受,早熟 0.5～0.75 千克的甘蓝现已大量销往我国港、澳地区,以及东南亚和俄罗斯等国家,因此,中国大白菜品种国际化开发前景广阔。此外,冷冻花椰菜的出口量已占全国冷冻花椰菜出口量的 80%以上,脱水甘蓝大量出口日、韩、俄;西兰花也是我国出口蔬菜的主要品种之一。

7. 我国白菜类蔬菜生产存在的主要问题有哪些?

(1)蔬菜产品总体质量不高。蔬菜病虫害严重,农药残留严重超标是影响我国蔬菜产品质量的首要因素。

(2)蔬菜的产量和产值偏低。虽然目前我国个别地方的单产已接近世界水平,但平均产量水平却与世界水平差距比

较大。

(3)采后贮藏加工落后。目前，我国蔬菜产后的产品整理、包装、贮存、运销、加工等处理较为薄弱，尚处初级阶段。初加工品多，精加工品少，产品的科技含量低，附加值小，缺乏市场竞争力。

(4)蔬菜出口比较薄弱。主要表现为，出口蔬菜的数量偏少；出口蔬菜的种类偏少；出口产品档次不高；出口国家和地区范围狭窄。

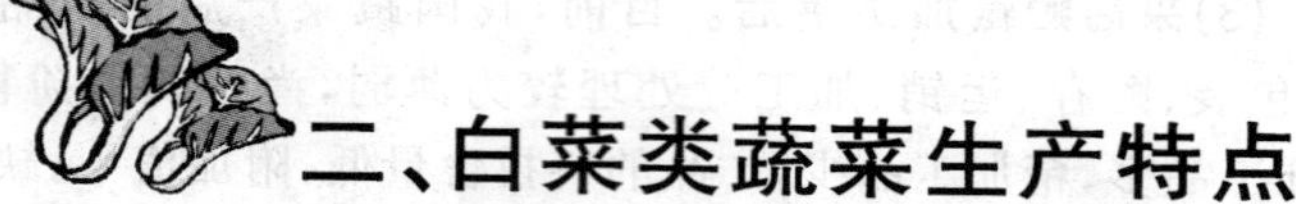

二、白菜类蔬菜生产特点

8. 白菜类蔬菜的根系有哪些特点？与生产的关系怎样？

白菜类蔬菜的根系比较浅，主要分布在30厘米以上的土层内，吸肥能力强，抗旱能力弱，要求空气湿润、土壤水分充足。栽培上要合理灌溉、精细整地和中耕。另外，白菜类蔬菜苗期主根纤细，根系断根后大白菜恢复生长的能力较差，所以，秋季生产中基本上采取直接播种，春季白菜类尤其甘蓝苗期长，多采用育苗移栽，并且，栽培上要在团棵后到莲座后期注意控水，培土壮根，方能增产。

9. 白菜类蔬菜的种子有哪些特点？与生产的关系怎样？

白菜类蔬菜的种子是双子叶植物无胚乳种子，养分直接贮藏在子叶中，所以，种子萌发比较容易。对土壤要求严格，覆土过厚、透气不良、地温偏低等，子叶出土时间延长，容易造成子叶腐烂。

种子寿命一般可维持5～6年，但年代久发芽势弱，所以，生产上多用采收后1～2年的种子。

10. 白菜类蔬菜生产对种子质量有哪些要求？

白菜类蔬菜种子质量要求符合 GB 16715.2—1999 和 GB 16715.4—1999 规定以及相关的地方标准要求。主要白菜类蔬菜的种子质量标准要求见表 2。

表 2　主要白菜类蔬菜种子质量指标　　%

蔬菜名称		级别	纯度不低于	净度不低于	发芽率不低于	水分不高于
结球白菜	亲本	原种	99.9	98.0	75.0	7.0
		良种	99.0			
	杂交种	一级	99.0	98.0	85.0	7.0
		二级	96.0			
	常规种	原种	99.0	98.0	85.0	7.0
		良种	95.0			
不结球白菜		原种	99.0	98.0	85.0	7.0
		良种	95.0			
甘蓝	亲本	原种	99.9	98.0	70	7.0
		良种	99.0			
	杂交种	一级	96.0	98.0	70	7.0
		二级	93.0			
	常规种	原种	99.0	98.0	85	7.0
		良种	95.0			
球茎甘蓝		原种	99.0	98.0	85	7.0
		良种	95.0			
花椰菜		原种	99.0	98.0	85	7.0
		良种	96.0			

白菜类蔬菜生产应选用标准中二级以上的杂交种子进行播种栽培。

11. 什么是反季节栽培？进行反季节栽培应注意哪些问题？

白菜类蔬菜的反季节栽培是指借助一定的保护措施，在白菜类蔬菜不适宜的栽培季节里进行的蔬菜生产。

白菜类蔬菜反季节栽培中极易发生未熟先期抽薹，为此需注意以下几方面的问题。

(1)选用良种。春季栽培甘蓝、白菜、西兰花等应选择耐低温、抗抽薹、早熟、包球快和后期耐热、抗病的成熟品种。

(2)适期播种。播种期确定很重要。若播种过早，早春温度低，植株感应低温的时间长，易通过春化，发生先期抽薹的可能性就大；若播种过晚，后期温度过高，不利于包球，且叶球易腐烂。春季播种还因栽培方式而异，一般地，育苗在温室等温暖条件下可比露地直播早 25～30 天，直播的一般在当地断霜前 15～20 天播种。为安全、优质起见，各地应进一步探索春季最佳播期及其适宜播期范围。

(3)育苗控温。除适期播种外，育苗期间，需保持较高的温度，特别是阳畦育苗时，前期夜间可盖 2～3 层草帘保温。如大白菜、早熟花椰菜和西兰花苗龄 25～30 天，6～7 叶定植；甘蓝和晚熟的花椰菜 50～60 天，7～8 片真叶。定植应选择在寒流期过后温度回升期。有条件者采用纸筒或营养钵等护根育苗，定植前低温炼苗不宜温度过低。

(4)地膜覆盖或加小拱棚覆盖。前者具有提高地温、保持墒情作用，后者兼有保温、增湿以及高温“脱春化”的作用，二者都有利于定植后缓苗、发棵。另外，小拱棚覆盖定植期可比露地提早 10～15 天。

(5)定植后肥水快促。为防止花器发育和抽薹，定植后要不断地追肥浇水，促进换苗，缓苗后和结球初各追 1 次速效性化肥，亩施尿素 20～25 千克；白菜类进入莲座期后结合中耕进行蹲苗，当新叶出现后或花椰菜结球 2～3 厘米后开始加强水肥管理；后期注意防病防虫。叶球达商品成熟，尽早收获上市。

12. 什么是设施栽培？为什么白菜类蔬菜适合进行设施栽培？

设施栽培是指利用温室、塑料棚等保护地设施进行提早、延后和遮阳等形式的栽培，使之在不适宜或不利的气候条件下，人为地创造适合蔬菜生长的环境和条件，增加淡季蔬菜生产和花色品种，从而保证市场供应。

白菜类蔬菜属于人们日常生活中消费量比较大的蔬菜之一，市场需求量大，特别是在生产和供应淡季，由于供求差距较大，白菜类蔬菜的市场售价较高，进行设施栽培的经济效益比较高。由于设施栽培的发展，如甘蓝的生产已达到四季栽培周年供应的要求，主要有塑料大棚春甘蓝栽培、露地春甘蓝栽培、夏季甘蓝栽培、秋季早熟甘蓝栽培、秋季中晚熟甘蓝栽培等。

13. 什么是无公害食品？质量标准有哪些？

无公害食品指产地环境、生产过程和产品安全符合无公害食品标准和生产技术规程(规范)的要求，经专门机构认定，许可使用无公害食品标志的未经加工或者初加工的食用农产品。

无公害蔬菜作为一种商品，就必须有一定质量标准。只有达到这个质量标准，才能称无公害蔬菜。一般说来，质量标准包括感官质量指标和卫生质量指标两类。

(1)感官质量指标(表3)。

表3　无公害食品白菜类蔬菜感官质量指标

品质	规格	限度
1.同一品种、色泽明亮、水分适宜而没有萎蔫、菜体表面没有泥土、灰尘及其他污染物 2.无腐烂、烧心、异味、冻害、病虫害及机械伤、无裂球(大白菜)	规格用整齐度表示。同规格的样品其整齐度应≥90%	每批样品中不符合品质要求的按质量计总不合格率不得超过5%

注：腐烂、异味和病虫害为主要缺陷。

(2)卫生质量指标。

无公害蔬菜内在质量应符合下列卫生质量标准(表4、表5、表6)。

表4　无公害食品白菜安全指标　　毫克/千克

项目	指标
乐果	≤1
敌敌畏	≤0.2
毒死蜱	≤0.1

续表 4

项目	指标
乙酰甲胺磷	≤1
辛硫磷	≤0.05
氯氰菊酯	≤2
溴氰菊酯	≤0.5
氰戊菊酯	≤0.5
氯氟氰菊酯	≤0.2
甲氰菊酯	≤0.5
灭幼脲	≤3
百菌清	≤5
铅(以 Pb 计)	≤0.3
镉(以 Cd 计)	≤0.05
氟(以 F 计)	≤1.0
亚硝酸盐(以 $NaNO_2$ 计)	≤4

注:其他有毒有害物质的限量应符合国家有关的法律法规、行政规范和强制性标准的规定。

表 5　无公害食品甘蓝安全指标　　毫克/千克

项目	指标
乐果	≤1
敌敌畏	≤0.2
毒死蜱	≤1
乙酰甲胺磷	≤1
氯氰菊酯	≤2
溴氰菊酯	≤0.5
氰戊菊酯	≤0.5
氯氟氰菊酯	≤0.1
甲氰菊酯	≤0.5

续表 5

项目	指标
灭多威	≤2
抗蚜威	≤1
百菌清	≤5
铅(以 Pb 计)	≤0.3
镉(以 Cd 计)	≤0.05
氟(以 F 计)	≤1
亚硝酸盐(以 $NaNO_2$ 计)	≤4

注:其他有毒有害物质的限量应符合国家有关的法律法规、行政规范和强制性标准的规定。

表 6 无公害食品芥蓝安全指标 毫克/千克

项目	指标
乐果	≤1
敌敌畏	≤0.2
敌百虫	≤0.1
辛硫磷	≤0.05
氯氰菊酯	≤1
氢戊菊酯	≤0.5
氯氟氰菊酯	≤0.2
甲氰菊酯	≤0.5
多菌灵	≤0.5
百菌清	≤1
铅(以 Pb 计)	≤0.2
镉(以 Cd 计)	≤0.05

注:根据《中华人民共和国农药管理条例》,剧毒和高毒农药不得在蔬菜生产中使用。

14. 生产无公害食品需要哪些条件？

(1)无公害蔬菜产地环境应符合农业行业标准《农产品安全质量无公害蔬菜产地环境要求》。该标准对影响无公害蔬菜生产的水、空气、土壤等环境条件按照现行国家标准的有关要求，结合无公害蔬菜生产的实际做出了规定（表7、表8、表9），为无公害蔬菜产地的选择提供了环境质量依据。

表7 蔬菜产地灌溉水质量指标

项目	浓度限值	
pH	5.5～8.5	
化学需氧量/（毫克/升）	≤40[a]	≤150
总汞/（毫克/升）	≤0.001	
总镉/（毫克/升）	≤0.005[b]	≤0.01
总砷/（毫克/升）	≤0.05	
总铅/（毫克/升）	≤0.05[c]	≤0.10
铬（六价）/（毫克/升）	≤0.10	
氰化物/（毫克/升）	≤0.50	
石油类/（毫克/升）	≤1.0	
粪大肠菌群/（个/升）	≤40 000[d]	

[a]采用喷灌方式灌溉的菜地应满足此要求。

[b] 白菜、莴苣、茄子、蕹菜、芥菜、苋菜、芜菁、菠菜的产地应满足此要求。

[c] 萝卜、水芹的产地应满足此要求。

[d] 采用喷灌方式灌溉的菜地以及浇灌、沟灌方式灌溉的叶菜类菜地应满足此要求。

表 8　蔬菜产地环境空气质量指标

项目	浓度限值			
	日平均		1 小时平均	
总悬浮颗粒物(标准状态)/(毫克/米^3)	≤0.30		—	
二氧化硫(标准状态)/(毫克/米^3)	≤0.15[a]	≤0.25	≤0.50[a]	≤0.70
氟化物(标准状态)/(微克/米^3)	≤1.5[b]	7	—	

注:日平均指任何一日的平均浓度;1 小时平均指任何一小时的平均浓度。

[a] 菠菜、青菜、白菜、黄瓜、莴苣、南瓜、西葫芦的产地应满足此要求。

[b] 甘蓝、菜豆的产地应满足此要求。

表9　蔬菜产地土壤环境质量标准　　毫克/千克

项目	含量限值					
	pH<6.5		pH 6.5～7.5		pH>7.5	
镉	≤0.30		≤0.30		≤0.40[a]	≤0.60
汞	≤0.25[b]	≤0.30	≤0.30[b]	≤0.50	≤0.35[b]	≤1.0
砷	≤30[c]	≤40	≤25[c]	≤30	≤20[c]	≤25
铅	≤50[d]	≤250	≤50[d]	≤300	≤50[d]	≤350
铬	≤150		≤200		≤250	

注:本表所列含量限值适用于阳离子交换量>0.05 摩尔/千克的土壤,若≤0.05 摩尔/千克,其标准值为表内数值的半数。

[a] 白菜、莴苣、茄子、蕹菜、芥菜、苋菜、芜菁、菠菜的产地应满足此要求。

[b] 菠菜、韭菜、胡萝卜、白菜、菜豆、青椒的产地应满足此要求。

[c] 菠菜、胡萝卜的产地应满足此要求。

[d] 萝卜、水芹的产地应满足此要求。

(2)生产技术应符合无公害食品蔬菜生产技术规范要求。

①产地环境条件。

a. 产地环境条件符合 NY 5010 要求。

b. 土壤条件:地势平坦、排灌方便、土壤耕层深厚、土壤

结构适宜、理化性状良好，以粉沙壤土、壤土及轻黏土为宜，土壤肥力较高。

②栽培措施。

a. 品种选择。选用抗病、优质丰产、抗逆性强、适应性广、商品性好的品种。种子质量应符合 GB 16715.2 要求。

b. 整地。采用高畦栽培，地膜覆盖，便于排灌，减少病虫害。

c. 播种。根据气象条件和品种特性选择适宜的播期，秋白菜一般在夏末初秋播种。华南地区一般秋季播种，叶球成熟后随时采收。可采用穴播或条播，播后盖细土 0.5～1 厘米，搂平压实。

d. 田间管理。出苗后及时间苗，7～8 叶时定苗，如缺苗应及时补栽；间苗后及时中耕除草，封垄前进行最后一次中耕。中耕时前浅后深，避免伤根；合理浇水：播种后及时浇水，保证齐苗壮苗；定苗、定植或补栽后浇水，促进返苗；莲座初期浇水促进发棵；包心初中期结合追肥浇水，后期适当控水促进包心。

③施肥。

a. 施肥原则。根据大白菜需肥规律、土壤养分状况和肥料效应，通过土壤测试，确定相应的施肥量和施肥方法，按照有机与无机相结合、基肥与追肥相结合的原则，实行平衡施肥。

b. 基肥。每亩优质有机肥施用量不低于 3 000 千克。氮肥总用量的 30％～50％、大部分磷、钾肥料可基施，结合耕翻整地与耕层充分混匀。宜合理种植绿肥、秸秆还田、氮肥深施和磷肥分层施用。适当补充钙、铁等中、微量元素。

c. 追肥。追肥以速效氮肥为主，应根据土壤肥力和生长状况在幼苗期、莲座期、结球初期和结球中期分期施用。为保证大白菜优质，在结球初期重点追施氮肥，并注意追施速效磷钾肥。收获前20天内不应使用速效氮肥。合理采用根外施肥技术，通过叶面喷施快速补充营养。

d. 不应使用工业废弃物、城市垃圾和污泥。不应使用未经发酵腐熟、未达到无害化指标的人畜粪尿等有机肥料。

e. 选用的肥料应达到国家有关产品质量标准，满足无公害大白菜对肥料的要求。

④ 病虫害防治：以防为主、综合防治，优先采用农业防治、物理防治、生物防治，配合科学合理地使用化学防治，达到生产安全、优质的无公害大白菜的目的。不应使用国家明令禁止的高毒、高残留、高生物富集性、高三致（致畸、致癌、致突变）农药及其混配农药。农药施用严格执行 GB 4285 和 GB/T 8321 的规定，无公害食品白菜类蔬菜生产的农药安全使用标准见表10、表11。

表10　大白菜农药安全使用标准

农药		主要防治对象	施用量/克[（毫升）/亩]或稀释倍数	施药方法	每季最多施用次数	安全间隔期/天
名称	剂型及含量					
辟蚜雾	50%可湿性粉剂	蚜虫	8～10克	喷雾	3	11
乐果	40%乳油	蚜虫	800～2 000倍	喷雾	4	10
福美双	50%可湿性粉剂	立枯病、猝倒病	种子量0.3%～0.4%	拌种	1	
扑海因	50%可湿性粉剂	立枯病、猝倒病	种子量0.3%～0.4%	拌种	1	

续表 10

农药		主要防治对象	施用量/［克(毫升)/亩］或稀释倍数	施药方法	每季最多施用次数	安全间隔期/天
名称	剂型及含量					
百菌清	75%可湿性粉剂	霜霉病、黑腐病	种子量 0.3%～0.4%	拌种	1	
吡虫啉	10%可湿性粉剂	蚜虫	1 000 倍	喷雾	2～3	7
甲霜灵	25%可湿性粉剂	霜霉病	300～400 倍	喷雾	4	7
敌菌灵	50%可湿性粉剂	霜霉病	500 倍	喷雾	3	3
甲霜灵锰锌	58%可湿性粉剂	霜霉病	120 克	喷雾	3	6
杀毒矾	64%可湿性粉剂	霜霉病	400 倍	喷雾	2～3	21
克露	72%可湿性粉剂	霜霉病	600～800 倍	喷雾	2～3	15
代森锌	65%可湿性粉剂	白粉病、霜霉病	500 倍	喷雾	2～3	7
乙磷铝	40%可湿性粉剂	霜霉病	400 倍	喷雾	2～3	7
可杀得	77%可湿性粉剂	软腐病	1 000 倍	喷雾	2～3	15
代森锰锌	70%可湿性粉剂	霜霉病、黑斑病	500 倍	喷雾	1	7
阿维菌素	1.8%、0.9%乳油	小菜蛾、菜青虫、螨类	20 毫升	喷雾	1	15
辛硫磷	50%乳油	菜青虫、小菜蛾	1 000 倍	喷雾	2～3	7
武夷菌素	1%水剂	白粉病、叶霉病、霜霉病	150～200 倍	喷雾	3	3
病毒威	20%可湿性粉剂	病毒病	500～600 倍	喷雾	2～3	3
病毒 A	20%可湿性粉剂	病毒病	600 倍	喷雾	2～3	3
植病灵	1.5%乳油	病毒病	1 000～1 500 倍	喷雾	2～3	3

续表 10

农药		主要防治对象	施用量/[克(毫升)/亩]或稀释倍数	施药方法	每季最多施用次数	安全间隔期/天
名称	剂型及含量					
宁南霉素	2%水剂	病毒病	200～250 倍	喷雾	2	3
农用硫酸链霉素	72%可溶性粉剂	软腐病、黑腐病	4 000～5 000 倍	喷雾	2	3
Bt(苏云金杆菌)	1.6 万单位/毫克粉剂	菜青虫、小菜蛾、棉铃虫	25 克	喷雾	3	1

表 11　甘蓝农药安全使用标准

农药		主要防治对象	施用量/[克(毫升)/亩]或稀释倍数	施药方法	每季最多施用次数	安全间隔期/天
名称	剂型及含量					
琥胶肥酸铜	50%胶悬剂	黑腐病、软腐病	种子量的 0.4%	拌种	1	
多菌灵	50%可湿性粉剂	灰霉病、菌核病、炭疽病	400～500 倍	喷雾	3	15
百菌清	75%可湿性粉剂	猝倒病、霜霉病	600 倍	喷雾	3	14
甲霜灵	25%可湿性粉剂	猝倒病、霜霉病	500～800 倍	喷雾	2	7
代森锌	65%可湿性粉剂	猝倒病	600 倍	喷雾	2	15
农用链霉素	72%可湿性粉剂	软腐病	4 000～5 000 倍	喷雾	2	3
新植霉素	100 万单位粉剂	软腐病、黑腐病	4 000～5 000 倍	喷雾	2	3
乙磷铝	40%可湿性粉剂	霜霉病	300～400 倍	喷雾	2～3	7
杀毒矾	64%可湿性粉剂	霜霉病	400 倍	喷雾	2	6

续表 11

农药		主要防治对象	施用量/［克(毫升)/亩］或稀释倍数	施药方法	每季最多施用次数	安全间隔期/天
名称	剂型及含量					
甲霜灵锰锌	58%可湿性粉剂	霜霉病	500 倍	喷雾	3	3
武夷菌素	1%水剂	白粉病、霜霉病	150～200 倍	喷雾	3	3
吡虫啉	10%可湿性粉剂	蚜虫	1 000 倍	喷雾	2～3	7
苦参碱	1%水剂	蚜虫	600 倍	喷雾		3
Bt(苏云金杆菌)	2 000 单位/微升水剂	菜青虫、小菜蛾	250 毫升	喷雾		1
	16 000 单位/毫克粉剂	棉铃虫	50 克			
灭幼脲3号	25%悬浮剂	菜青虫、小菜蛾、棉铃虫	800～1 000 倍	喷雾	2	20
阿维菌素	1.8%可溶性水剂	菜青虫、小菜蛾、棉铃虫	3 000～4 000 倍	喷雾	1	7

无公害白菜类蔬菜生产上严禁使用的农药见表 12。

表 12 无公害食品蔬菜生产上严禁使用的农药

农药种类	农药名称
无机砷杀虫剂	砷酸钙、砷酸铅
有机砷杀菌剂	甲基砷酸锌(稻脚青)、甲基砷酸铵(田安)、福美甲砷、福美砷
有机锡杀菌剂	薯瘟锡(毒菌锡)、三苯基醋酸锡、三苯基氯化锡、氯化锡
有机汞杀菌剂	氯化乙基汞(西力生)、醋酸苯汞(赛力散)

续表 12

农药种类	农药名称
有机杂环类	敌枯双
氟制剂	氟化钙、氟化钠、氟化酸钠、氟乙酰胺、氟铝酸钠
有机氯杀虫剂	DDT、六六六、林丹、艾氏剂、狄氏剂、五氯酚钠、硫丹
有机氯杀螨剂	三氯杀螨醇
熏蒸杀虫剂	二溴乙烷、二溴氯丙烷、溴甲烷
有机磷杀虫剂	甲拌磷、乙拌磷、久效磷、对硫磷、甲基对硫磷、甲胺磷、氧化乐果、治螟磷、杀扑磷、水胺硫磷、磷胺、内吸磷、甲基异硫磷
氨基甲酸酯杀虫剂	克百威(呋喃丹)、丁硫克百威、丙硫克百威、涕灭威
二甲基甲脒类杀虫杀螨剂	杀虫脒
取代苯杀虫杀菌剂	五氯硝基苯、五氯苯甲醇(稻瘟醇)、苯菌灵(苯莱特)
二苯醚类除草剂	除草醚、草枯醚

15. 什么是绿色食品?

根据中华人民共和国农业行业标准，绿色食品是指遵循可持续发展原则，按照特定生产方式生产，经专门机构认定，许可使用绿色食品标志，无污染的安全、优质、营养类食品。

我国规定绿色食品分为AA级和A级两类。

(1)AA级绿色食品。是指在生态环境质量符合规定标准的产地，生产过程中不使用任何有害化学合成物质，按特定的

生产操作规程生产、加工，产品质量及包装经检测、检查符合特定标准，经中国绿色食品发展中心认定并允许使用绿色食品标志的产品。

(2)**A级绿色食品。**在生产过程中允许限量使用限定的化学合成物质，其余与AA级相同。

16.绿色食品的质量标准有哪些？

绿色食品要求在生产过程中不使用化学合成的农药、肥料、食品添加剂、饲料添加剂、兽药及有害环境和人体健康的生产资料，而是通过使用有机肥、种植绿肥、作物轮作、生物或物理方法等技术，培肥土壤、控制病虫草害、保护或提高产品品质。绿色食品中各种化学合成农药及合成食品添加剂均不得检出，其他指标应达到农业部绿色食品产品行业标准(NY/T 654—2002、NY/T 655—2002、NY/T 427—2000、NY/T 743—2003 至 NY/T 748—2003、NY/T 1044—2006、NY/T 1048—2006、NY/T 1049—2006)。

绿色食品白菜类蔬菜的质量要求如下。

(1)**感官质量标准。**应符合表13中的规定。

表13　绿色食品白菜类蔬菜感官要求

品质	规格	限度
1.同一品种、色泽正常、新鲜、清洁 2.无腐烂、烧心、异味、冻害、病虫害及机械伤	规格用整齐度表示。同规格的样品其整齐度应≥85%	每批样品中不符合品质要求的按质量计，不合格率不得超过5%

注：腐烂、异味和病虫害为主要缺陷。

(2)**营养指标**。应符合表 14 的要求。

表 14　绿色食品白菜类蔬菜的营养指标

项目	指标
每百克中含维生素 C/毫克	≥20
总糖/%	≥2.0
粗纤维/%	≤1.0

(3)**卫生指标**。应符合表 15 中的规定。

表 15　绿色食品白菜类蔬菜卫生指标　　毫克/千克

项目	指标
砷(以 As 计)	≤0.2
汞(以 Hg 计)	≤0.01
铅(以 Pb 计)	≤0.1
镉(以 Cd 计)	≤0.05
氟(以 F 计)	≤0.5
乙酰甲胺磷	≤0.02
乐果	≤0.5
杀螟硫磷	≤0.2
敌敌畏	≤0.1
马拉硫磷	不得检出
毒死蜱	≤0.05
敌百虫	≤0.1
喹硫磷	≤0.1
氯氰菊酯	≤0.1
溴氰菊酯	≤0.5

17. 生产绿色食品需要哪些条件?

(1)绿色食品生产基地应选择在无污染和生态条件良好的地区。基地选点应远离工矿区和公路铁路干线，避开工业和城市污染源的影响，同时绿色食品生产基地应具有可持续的生产能力。环境质量应符合农业部绿色食品产地环境技术条件(NY/T 391—2000，适用于绿色食品 AA 级和 A 级)规定，见表 16、表 17 和表 18。

表 16　空气中各项污染物的指标要求(标准状态)

项目	指标	
	日平均	1 小时平均
总悬浮颗粒物(TSP)/(毫克/米^3)	≤0.30	—
二氧化硫(SO_2)/(毫克/米^3)	≤0.15	≤0.50
氮氧化物(NO_x)/(毫克/米^3)	≤0.10	≤0.15
氟化物(F)	≤7 微克/米^3 ≤1.8 毫克/(米^2·天) (挂片法)	≤20 微克/米^3

表 17　农田灌溉水中各项污染物的指标要求

项　目	浓度限制	项　目	浓度限制
pH	5.5～8.5	总铅/(毫克/升)	≤0.1
总汞/(毫克/升)	≤0.001	六价铬/(毫克/升)	≤0.1
总镉/(毫克/升)	≤0.005	氟化物/(毫克/升)	≤2.0
总砷/(毫克/升)	≤0.05	粪大肠杆菌群 */(个/升)	≤10 000

表 18　土壤中各项污染物的指标要求　　毫克/千克

耕作条件	旱田			水田		
	pH			pH		
	＜6.5	6.5～7.5	＞7.5	＜6.5	6.5～7.5	＞7.5
镉	≤0.30	≤0.30	≤0.40	≤0.30	≤0.30	≤0.40
汞	≤0.25	≤0.30	≤0.35	≤0.30	≤0.40	≤0.40
砷	≤25	≤20	≤20	≤20	≤20	≤15
铅	≤50	≤50	≤50	≤50	≤50	≤50
铬	≤120	≤120	≤120	≤120	≤120	≤120
铜	≤50	≤60	≤60	≤50	≤60	≤60

注：①水旱轮作田的标准值取严不取宽；②土壤环境质量的采样和分析方法按照 GB 15618 中 5.1、5.2 的规定执行。

生产 AA 级绿色食品时，转化后的耕地土壤肥力要达到土壤肥力分级 1～2 级指标。

(2)生产技术应符合绿色食品蔬菜生产的技术规范。

①绿色食品蔬菜病虫害防治技术规范。采用抗病抗虫品种，非化学药剂种子处理，培育壮苗，加强栽培管理，中耕除草，秋季深翻晒土，清洁田园，轮作倒茬、间作套种等一系列农业措施起到防治病虫草害的作用；利用灯光、色彩诱杀害虫，机械捕捉害虫，机械和人工除草等机械物理措施，防治病虫草害；特殊情况下，必须使用农药时，应按照绿色食品农药使用要求严格控制施药量和安全隔期，不得使用蔬菜上严禁使用的药剂。

A 级白菜类绿色食品生产禁止使用的农药见表 19。

②绿色食品蔬菜生产的施肥技术规范。

应使用符合要求的农家肥料、商品有机肥、腐殖酸类肥、微生物肥、有机复合肥、无机(矿质)肥、叶面肥、有机无机肥(半有机肥)等。禁止使用的肥料种类：禁止使用任何化学合成肥料;禁止使用城市垃圾和污泥、医院的粪便垃圾和含有害物质(如毒气、病原微生物、重金属等)的工业垃圾。生产A级绿色食品在有机肥、微生物肥、无机(矿质)肥、腐殖酸肥中按一定比例掺入化肥(硝态氮肥除外),并通过机械混合而成的肥料。

表 19　A级白菜类绿色食品生产禁止使用的农药

种类	农药名称
有机氯杀虫剂	滴滴滴、六六六、林丹、甲氧滴滴涕、硫丹
有机氯杀螨剂	三氯杀螨醇
有机磷杀虫剂	甲拌磷、乙拌磷、久效磷、对硫磷、甲基对硫磷、甲胺磷、甲基异柳磷、治螟磷、氧化乐果、磷胺、地虫硫磷、灭克磷(益收宝)、水胺硫磷、氯唑磷、硫线磷、杀扑磷、特丁硫磷、克线丹、苯线磷、甲基硫环磷
氨基甲酸酯杀虫剂	涕灭威、克百威、灭多威、丁硫克百威、丙硫克百威
二甲基甲脒类杀虫杀螨剂	杀虫脒
卤代烷类熏蒸杀虫剂	二溴乙烷、环氧乙烷、二溴氯丙烷、溴甲烷
阿维菌素	
克螨特	
有机砷杀菌剂	甲基砷酸锌(稻脚青)、甲基砷酸钙(稻宁)、甲基砷酸铁铵(田安)、福美甲砷、福美砷
有机锡杀菌剂	三苯基醋酸锡(薯锡)、三苯基氯化锡、三苯基羟(毒菌锡)
有机汞杀菌剂	氯化乙基汞(西力生)、醋酸苯汞(赛力散)
取代苯类杀菌剂	五氯硝基苯、稻瘟醇(五氯苯甲醇)
2,4-D类化合物	除草剂或植物生长调节剂
二苯醚类除草剂	除草醚、草枯醚
植物生长调节剂	有机合成的植物生长调节剂
除草剂	各类除草剂

③品种选用上，尽可能适应当地土壤和气候条件，并对病虫草害有较强的抵抗力的高品质优良品种。

④耕作制度上，尽可能采用生态学原理，保持物种的多样性，减少化学物质的投入。

18. 什么是有机食品?

有机食品是指来自于有机农业生产体系，根据国际有机农业生产要求和相应的标准生产加工，通过独立的有机食品认证机构认证的一切农副产品，包括粮食、蔬菜、水果、奶制品、畜禽产品、蜂蜜、水产品、调料等。

有机食品在生产和加工过程中必须严格遵循有机食品生产、采集、加工、包装、贮藏、运输标准，禁止使用化学合成的农药、化肥、激素、抗生素、食品添加剂等，禁止使用基因工程技术及该技术的产物及其衍生物。有机食品生产和加工过程中必须建立严格的质量管理体系、生产过程控制体系和追踪体系，因此，一般需要有转换期。有机食品必须通过合法的有机食品认证机构的认证。

19. 生产有机食品需要哪些条件?

(1)优良的生产场地。有机食品生产基地应远离城区、工矿区、交通主干线、工业污染源、生活垃圾场等。此外，产地土壤环境质量应符合 GB 15618—1995 中的二级标准，农田灌溉用水水质质量应符合 GB 5084 的规定，环境空气质量应符合 GB 3095—1996 中二级标准和 GB 9137 的规定。

(2)**种子和种苗要求,应选择有机种子或种苗。**当从市场上无法获得有机种子或种苗时,可以选用未经禁用物质处理过的常规种子或种苗,但应制订获得有机种子和种苗的计划;应选择适应当地的土壤和气候特点、对病虫害具有抗性的作物种类及品种;选择品种时应注意保持品种遗传基质的多样性,不使用由基因工程获得的品种;禁止使用经禁用物质和方法处理的种子和种苗。

(3)**合理的耕作制度。**应采用作物轮作和间套作等形式以保持区域内的生物多样性,保持土壤肥力;禁止连续多年在同一地块种植蔬菜;应根据当地情况制定合理的灌溉方式(如滴灌、喷灌、渗灌等)控制土壤水分。

(4)**肥料使用技术。**提倡运用秸秆覆盖或间作的方法避免土壤裸露;通过回收、再生和补充土壤有机质和养分来补充因作物收获而从土壤带走的有机质和土壤养分;保证施用足够数量的有机肥以维持和提高土壤的肥力、营养平衡和土壤生物活性;有机肥应主要源于本农场或有机农场(或畜场),外购的商品有机肥,应通过有机认证或经认证机构许可;限制使用人粪尿,必须使用时,应当按照相关要求进行充分腐熟和无害化处理,并不得与作物食用部分接触。禁止在叶菜类、块茎类和块根类作物上施用;禁止使用化学合成肥料和城市污水污泥和未经堆制的腐败性废弃物。

(5)**病虫草害防治技术。**病虫草害防治的基本原则应是从作物到病虫草害整个生态系统出发,综合运用各种防治措施,创造不利于病虫草害滋生和有利于各类天敌繁衍的环境条件,保持农业生态系统的平衡和生物多样化,减少各类病虫草害所造成的损失。

(6)污染控制措施。有机地块与常规地块的排灌系统应有有效的隔离措施，以保证常规农田的水不会渗透或漫入有机地块。常规农业系统中的设备在用于有机生产前，应得到充分清洗，去除污染物残留。在使用保护性的建筑覆盖物、塑料薄膜、防虫网时，只允许选择聚乙烯、聚丙烯或聚碳酸酯类产品，并且使用后应从土壤中清除。

20. 什么是农业生产规范？现代白菜类蔬菜生产为什么要执行农业生产规范？

良好农业生产规范是应用现代农业知识，科学规范农业生产的各个环节，在保证农产品质量安全的同时，促进环境、经济和社会可持续发展。我国自 2004 年起，国家认监委组织有关方面的专家已制定并由国家标准委发布了 24 项 GAP 国家标准，内容涵盖种植、畜禽养殖、水产养殖。国家认监委还发布了《良好农业规范认证实施规则》，建立了我国统一的 GAP 认证体系。

现代白菜类蔬菜生产已经成为我国蔬菜生产的重要内容之一，白菜类蔬菜生产的质量好坏，不仅关系到它们的市场价格和经济效益，还直接影响到人们的身体健康。另外，出口白菜类蔬菜的质量好坏还影响到我国蔬菜在国际市场上的声誉。因此，同其他蔬菜一样，现代白菜类蔬菜生产也必须执行良好的农业生产规范。

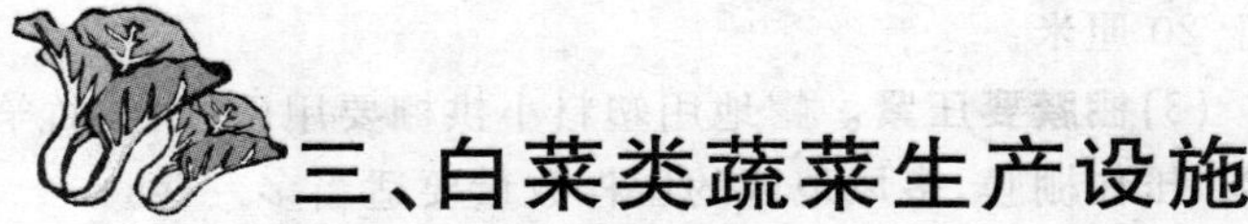

三、白菜类蔬菜生产设施

21. 白菜类蔬菜生产对塑料大棚有哪些要求？代表塑料大棚有哪些？

白菜类蔬菜生产要求大棚结构牢固，能够承受8级以上的大风；大棚内部顶高3米以上，边高1.5米以上；大棚内宽12米左右。根据当地生产条件不同，大棚可以采用竹木结构、玻璃纤维增强水泥预制结构，也可采用钢架、钢管结构。

当前，白菜类蔬菜生产所用温室代表结构主要有竹木结构塑料大棚、钢拱结构大棚、管材组装结构大棚、玻璃纤维增强水泥骨架结构、混合拱架结构大棚和连栋大棚等。

22. 白菜类蔬菜生产对小拱棚有哪些要求？

（1）建棚采用的竹片或竹竿材料，要求具有弹性，能弯曲，表面光滑，质地好。每个拱棚弯制拱架的竹片或竹竿的长度应一致，一般为2～3米，并且弹性大体相近，否则安装后棚面可能产生凹凸不平现象。

（2）架体要牢固。竹竿、竹片等架杆的粗一端要插在迎风一侧。视风力和架杆的抗风能力大小不同，适宜的架杆间距为0.5～1米。多风地区应采取交叉方式插杆，用普通的平行方式插杆时，要用纵向连杆加固棚体。架杆插入地下深度不少于 20 厘米。

(3)棚膜要压紧。露地用塑料小拱棚要用压杆(细竹竿或荆条)压住棚膜，多风地区的压杆数量要适当多一些。

(4)棚膜的扣盖方式要适宜。小拱棚主要有扣盖式和合盖式两种覆膜方式，见图 1。

扣盖式覆膜扣膜严实，保温效果好，也便于覆膜，但需从两侧揭膜放风，通风降温和排湿的效果较差，并且泥土容易污染棚膜，也容易因“扫地风”而伤害蔬菜。

合盖式覆膜的通风管理比较方便，通风口大小易于控制，通风效果较好，不污染棚膜，也无“扫地风”危害蔬菜的危险，应用范围比较广。其主要不足是棚膜合压不严实时，保温效果较差。依通风口的位置不同，合盖式覆膜又分为顶合式和侧合式两种形式(图 1)。

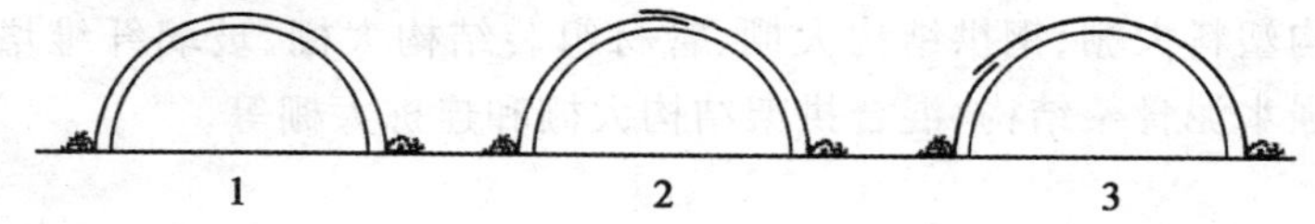

图 1　塑料小拱棚的棚膜覆盖方式

1. 扣盖式　2. 顶合式　3. 侧合式

顶合式适合于风小地区，侧合式的通风口开于背风的一侧，主要用于多风、风大地区。

23. 什么是遮阳网？怎样覆盖遮阳网？

遮阳网是以聚烯烃树脂为主要原料，加入一定的光稳定

剂、抗氧化剂和各种色料等，熔化后经拉丝制成的一种轻质、高强度、耐老化的塑料编织网。

按颜色不同，遮阳网分为黑色、银灰色、蓝色、绿色以及黑—银灰色相间等几种类型，以前两种类型应用比较普遍。

遮阳网的主要作用是遮光和降温，防止强光和高温危害。按遮阳网的规格不同，遮光率一般从20%～75%不等。遮阳网的降温幅度因种类不同而异，一般可降低气温3～5℃，其中黑色遮阳网的降温效果最好，可使地面温度下降9～13℃。

遮阳网主要应用于高温和强光照季节，对蔬菜进行遮光降温育苗或栽培。在南方一些地区，冬季也有利用闲置的遮阳网直接覆盖在秋冬蔬菜（如大白菜、花椰菜、结球莴苣等）上防寒防冻，延长采收期，或于早春为防蔬菜受霜冻侵袭，用遮阳网代替草苫、苇苫等，对早春菜保温覆盖，提早上市。

遮阳网的覆盖形式分为外覆盖（图2）和内覆盖（图3）

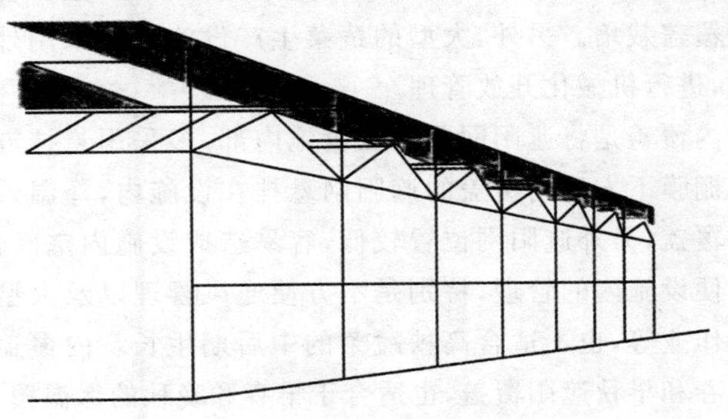

图2　温室遮阳网外覆盖

图 3　温室遮阳网内覆盖

两种。

外覆盖是将遮阳网直接覆盖在设施外表面或覆盖在设施外的支架上。外覆盖对设施的遮光效果好，设施内的进光量减少明显，降温效果也好，适合于夏季遮阳覆盖，主要应用于越夏覆盖栽培。另外，大型的蔬菜生产设施也多采用外覆盖形式，进行机械化开放管理。

内覆盖是将遮阳网覆盖在设施内部，多采用悬挂方式悬挂在棚膜下方。内覆盖的遮阳网悬挂在设施内，降温效果不如外覆盖，另外遮阳网位置较低，容易造成设施内空间低矮，不方便设施内的管理，特别是不方便通风管理以及大型的机械化作业等，也不适合高秧蔬菜的中后期生长。内覆盖适用于晚春和早秋遮阳覆盖，也适合于早春和晚秋的保温覆盖，多作为临时性覆盖。

24. 什么是防虫网？怎样覆盖防虫网？

防虫网是用添加有抗老化、抗紫外线等化学助剂的优质聚乙烯原料，经拉丝织造而成的形似窗纱的网状织物。

按照单位面积上的网格数量不同，防虫网分为18～50目不同规格，目数小的防虫效果差，目数大的防虫效果好，但通风透气性差，遮光多，不利网内蔬菜的生长。按照颜色不同，分为白色、黑色、银灰色、灰色等几种。按照制造材料不同，分为普通防虫网、铝箔遮阳防虫网(缀有铝箔条)等几种。

防虫网基本上能免除菜青虫、小菜蛾、甘蓝夜蛾、甜菜夜蛾、斜纹夜蛾、棉铃虫、蚜虫、美洲斑潜蝇等多种害虫的危害，控制由于害虫传播而导致的病毒病发生。另外，防虫网还具有一定的遮光、增温和保温、增加网内空气湿度等作用。

防棉铃虫、斜纹夜蛾、小菜蛾等体形较大的害虫，可选用20～25目的防虫网；防斑潜蝇、温室白粉虱、蚜虫等体形较小的害虫，可选用30～50目的防虫网。

防虫网覆盖分为整体覆盖和局部覆盖两种形式。整体覆盖是将防虫网直接覆盖在棚架上，四周用土或砖压严实，防虫网用量较大。局部覆盖的防虫网覆盖于温室、塑料大棚的通风口、门等部位，主要用于温室、塑料大棚防雨栽培。

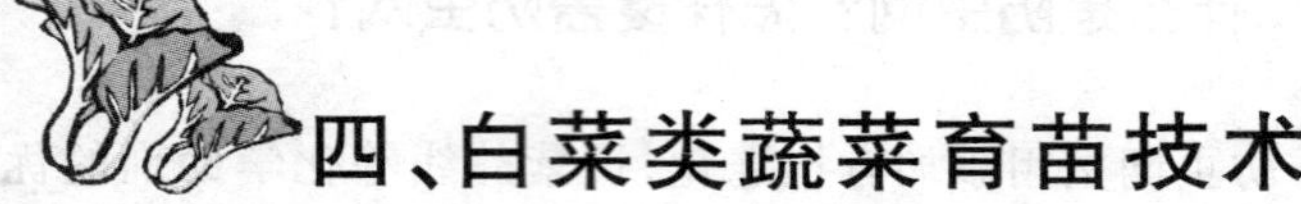

四、白菜类蔬菜育苗技术

25. 白菜类蔬菜播种前为什么要对种子作消毒处理?

白菜类蔬菜的种子表面甚至里面都感染了很多病原菌，带菌的种子又会传染给幼苗和成株，从而导致蔬菜病虫害的发生。为杀死种子所带的病原菌、虫卵，减轻病虫害的发生，在蔬菜育苗前，首先进行种子的消毒是非常必要的。

26. 白菜类蔬菜种子消毒常用的方法有哪些?

(1)温水浸种。将种子放在50℃的温水中浸泡30分钟，然后播种。

(2)盐水浸种。先将种子放在1%的盐水中浸泡15分钟，然后用清水冲洗干净，晾干后即可播种。

(3)白酒浸种。按1∶1的比例将白酒与水对好，将种子放入，浸泡8～10分钟后捞出即可播种，一般50克种子用25克白酒。

(4)药剂浸种。用45%代森铵200～400倍液、0.1%的福尔马林溶液浸种15分钟后，捞出冲洗干净，晾干后播种。

(5)药剂拌种。用50%多菌灵，按种子重量的0.3%拌种。

27. 什么是浸种？有什么意义？

广义浸种是指将种子浸泡在一定温度的水或一定浓度的营养液、激素、农药等溶液中。狭义浸种即指水浸种，使种子在短时间内吸足发芽所需要的基本水量。

播种前进行水浸种可以使种子在较短的时间内，吸足从播种到出苗所需要的绝大多数水分，缩短从播种到出苗的时间，还可起到灭菌防菌、增强种子抗性的作用。

28. 白菜类蔬菜浸种应掌握哪些要点？

(1)浸种时间要适宜。因种子大小、种皮厚度、种子结构等的不同，不同白菜类蔬菜浸种需要的时间也不相同。主要白菜类蔬菜的适宜浸种水温与时间见表20。

表20　主要蔬菜浸种的适宜温度与时间

蔬菜	温度/℃	时间/小时
甘蓝	20	3～4
花椰菜	20	3～4
白菜	20	2～4

第一次浸种后晾10～12小时再浸第二次。

(2)浸种用水量要适宜。适宜的浸种水量为种子量的5～6倍。

(3)浸种过程中要保持水质清洁，一般每12小时换一次水。

(4)浸种所用器皿一定要清洁,污物较多时要用洗衣粉或碱水清洗干净。用污物较多的器皿浸泡种子,容易造成种子气孔堵塞,影响吸水,也容易引起种胚供氧不足发生烂种。

(5)可用营养液代替水浸种,在对种子提供水的同时,也为种子补充营养。常用的营养有硼酸、硫酸锰、硫酸锌、钼酸铵等,用单一元素或将几种元素混合进行浸种,营养液的浓度一般为0.01%~0.1%,浸种时间同温水浸种。

29.什么是催芽?有什么意义?

催芽是将浸泡过的种子,放在黑暗或弱光环境里,并给予适宜的温度、湿度和氧气条件,促其迅速发芽。

种子催芽是在认为创造的适宜种子发芽的环境下进行的,种子出芽快,发芽早,可以避免种子在土壤中发芽而产生的诸如发芽时间长、发芽率低、烂种等一系列问题。对某些发芽困难的种子,还可以采取变温催芽技术,控制出芽速度和出芽质量,使种子发芽整齐、芽壮。

种子催芽技术在低温期播种育苗,作用更为明显,已经成为白菜类蔬菜低温期育苗必需的一项技术措施。

30.白菜类蔬菜催芽应掌握哪些要点?

白菜类蔬菜种子催芽的一般做法是:用湿布包住种子,把种子包吊挂到温度适宜的温室内;将浸泡过的种子晾成半干,放在清洁(要注意不能有油)的瓦盆里,上盖清洁的白布或纱布、麻袋等,以保温保湿,放于温室的烟道上或火炕上催芽,每

2～3 小时翻动一次，使种子均匀受热，同时每天要冲洗种子 1～2 次，保持一定湿度。生产条件好的育苗工厂或农户，还可以用催芽效果较好的专用催芽箱进行催芽。

白菜类蔬菜种子催芽应掌握以下要点：

(1)催芽温度要适宜。 白菜类蔬菜种子催芽的适温为 18～20℃，温度不够时，发芽需要的时间延长；温度过高时，虽然种子的发芽速度加快，发芽需要的时间缩短，但种芽较细弱，不容易培育成壮苗。

(2)催芽期间要保持种子包内种子疏松，种皮湿润、透气性良好。 种皮带水过多或附着的黏性物过多，透气不良，容易引起烂种，一般要求每隔 10～12 小时用新鲜的温水淘洗种子一遍，洗去种子表面上的黏液，然后晾去种皮上多余的水分或用干布擦干种皮上的水珠，包起种子继续催芽。

(3)催芽时间要适宜。 主要白菜类的适宜催芽时间见表 21。

表 21 主要蔬菜催芽的适宜温度与时间

蔬菜	温度/℃	时间/天
甘蓝	18～20	1.5
花椰菜	18～20	1.5
白菜	20	1.5

另外注意包衣的种子不需要催芽。

31. 现代白菜类蔬菜栽培为什么强调护根育苗？

白菜类蔬菜的根系比较浅，主要分布在 30 厘米以上的土层内，吸肥能力强，抗旱能力弱，要求空气湿润、土壤水分充足。另外，白菜类蔬菜苗期主根纤细，幼苗在分苗或定植时容易伤根，导致缓苗慢、甚至死苗，为了减轻移栽时造成的伤根，促进植株的生长发育，应采取护根育苗的方法。尤其是在秋大白菜生产中，苗期由于高温干旱而诱发病毒病大量发生，造成减产歉收。采用普通方式进行育苗又会因移栽造成伤根，而且不利于缓苗，影响其正常生长发育。因而，早秋大白菜栽培宜采用营养钵进行护根育苗，这样既便于集中管理、利于培育壮苗，又克服了普通育苗方式的缺点。

32. 育苗容器分为哪几种类型？各有什么优缺点？

目前的育苗容器主要有塑料钵、育苗盘两种类型(图 4)。

图 4　白菜类蔬菜常用育苗容器示意图

(1)塑料钵。是一种形似水杯，杯底有漏水孔(塑料钵)的育苗钵。塑料钵不易破碎，易于搬运，可连续使用，使用寿命长，护土效果好，是目前生产上应用最为普遍的育苗容器之一。但塑料杯钵也存在着透气性较差，根系容易发生老化以及钵壁透水性差，钵内容易发生干旱等缺点。

塑料杯钵容量大，利于培育大苗，特别适合用来培育大苗

定植，目前主要使用10厘米×10厘米以上的大规格塑料钵培育大苗进行早熟栽培。

(2)育苗穴盘。是用硬质塑料压制成的具有许多个规则排列育苗穴（形状类似普通育苗钵）的塑料盘，育苗穴的规格从1.5厘米×1.5厘米×2.5厘米到5厘米×5厘米×5.5厘米不等。育苗穴规格中的前两个数表示育苗穴的长和宽，后一个数表示育苗穴的深度。按育苗穴的大小和数量不同，育苗盘分为72穴盘、128穴盘、200穴盘等多种。塑料穴盘的自身承重能力差，易断裂，加之单穴的容积比较小，用育苗土育苗时，容易干旱且不便浇水等原因，目前主要用于无土育苗中。

33.怎样配制育苗土？

(1)优良育苗土的条件。优良育苗土应具备以下几个条件：含有丰富的有机质，有机质含量不少于30%；疏松通气，具有良好的保水、保肥性能；物理性状良好，浇水时不板结，干时不裂，总孔隙60%左右；床土营养完全，要求含速效氮100～200毫克/千克、速效磷150～200毫克/千克、速效钾100～150毫克/千克，并含有钙、镁和多种微量元素；pH 6.5～7；无病菌、虫卵。

(2)育苗土的配方。

①播种床土配方。田土6份，腐熟有机肥4份。土质偏黏时，应掺入适量的细沙或炉渣。

②分苗床土配方。田土或园土7份，腐熟有机肥3份。分苗床土应具有一定的黏性，以利从苗床中起苗或定植取苗

时不散土。

(3)育苗土配制要点。

①材料准备。

a. 田土。是指卫生、不含蔬菜病菌和害虫，适合蔬菜育苗用的一类土壤的总称。粮田土、豆田土、葱蒜田土等均为理想的育苗用田土。

田土应充分捣碎、捣细，并过筛，筛除大的土块、石头、草根等。时间充足时，田土最好摊开在阳光下晒几天。

b. 有机肥。适合育苗用的有机肥主要是马粪、猪粪、鹿粪等质地较为疏松、速效氮含量低的粪肥，鸡粪、鸽粪、油渣等高含氮有机肥容易引起菜苗旺长，施肥不当时也容易发生肥害，应慎重使用。有机肥必须充分腐熟并捣碎后才能用于育苗。

c. 细沙和炉渣。主要作用是调节育苗土的疏松度，增加育苗土的空隙。

d. 化肥。主要使用优质复合肥、磷肥和钾肥。化肥的用量应小，一般播种床土每立方米的总施肥量 1 千克左右，分苗床土 2 千克左右。

e. 农药。主要有多菌灵或甲基托布津、辛硫磷或敌百虫等杀菌、杀虫剂，每立方米育苗土用量 150～200 克。

②混拌。将田土、有机肥、化肥、农药、炉渣等按要求比例充分混拌均匀。

农药为可湿性粉剂时，一般先与少量细土混拌均匀，再混入育苗土堆里。乳剂型农药一般先加少量的水稀释，然后结合混拌土，用喷雾器均匀喷入育苗土内。

③堆放。育苗土混拌均匀后培成堆，上用薄膜封盖严实，

让农药在土内充分扩散，进行灭菌、杀虫，7～10 天后再用来育苗。

(4)填入育苗床。播种前将育苗土均匀铺在育苗床内。播种床铺土厚 10 厘米，分苗床铺土厚 12～15 厘米。

34. 怎样配制育苗钵基质?

穴盘育苗一般用泥炭土、蛭石、珍珠岩、菇渣、甘蔗渣等配制育苗土，目前应用较多的是泥炭土(2 份)与蛭石(1 份)的混合基质。

每方基质中加入 50%多菌灵 150～200 克进行消毒，同时加入复合肥 2～3 千克，或消毒干鸡粪 10～15 千克、复合肥 1～1.5 千克。

将配好的基质放到穴盘上。用刮板从穴盘的一侧刮向另一侧，使每个穴孔中都装满基质。将穴盘垂直码放在一起，4～5 盘一摞。上面放一空盘，用手均匀下压至 1 厘米为止，将穴内基质压紧。

35. 白菜类蔬菜播种应掌握哪些技术要点?

概括起来讲，白菜类蔬菜播种应主要掌握以下技术要点。

(1)播种时间要适宜。秋冬茬大白菜对播期要求最严格。若播种过早，幼苗容易受热害导致病毒病等病害发生，若播种过迟，则很可能到收获时叶球未能包紧实。所以，各地应根据当地夏末秋初的气象资料和当年的气候，确定适宜的播种期。一般掌握在日均温下降到 26℃以下时，播种比较理想。夏秋早熟大白菜播期灵活，一般前茬作物空出地块后即可早播。春茬大白菜播期，因直播或育苗而异，直播的一般在断霜前15～20天播种。育苗的可比直播提前20～25天播种。

(2)播种量要适宜。白菜直播有条播、穴播两种方法。露地多数采用条播，地膜覆盖适宜穴播。条播用种量较多，每亩150～200克，定苗时选择余地大，有利于保证留苗株数；穴播用种量较少，但若地下虫害严重等易造成缺苗断垄，尤其是七八月份地下害虫猖獗，每穴播种量应充足，每穴15～20粒种子为宜。

(3)要足墒播种。春季播种一般是播种前先浇水造墒，播种后覆土，以利土壤提温保墒。夏、秋季播种多行先播种后浇水，以利土壤降温保湿。犁播或机播情况下，常先用犁开沟，后放水灌沟，再播种覆土，此法比较粗放，但省工省水。

(4)播后覆土。因播种季节、播种方法酌情掌握，春季低温或地膜覆盖等覆土宜浅，1～1.5厘米；夏秋高温或条播可适当多覆土，约2厘米；犁播或机播等也可覆厚土保墒，3～5厘米，但需要在播种后第三、四天傍晚扒去一部分土放苗。

36.育苗期怎样进行温度管理?

白菜类蔬菜苗期温度管理的重点是掌握好“三高三低”，即“白天高，夜间低；晴天高，阴天低；出苗前、移苗后高，出苗后、移苗前和定植前低”。具体管理要点如下：

(1)播种到第一片真叶展出。出苗前温度宜高，适宜温度应保持28～30℃，不足时要采取多层覆盖、人工加温等措施提高温度。当70%以上幼苗出土后，撤除薄膜，适当降温，把白天和夜间的温度分别降低 3～5℃，防止幼苗的下胚轴生长过旺，形成高脚苗。

(2)**第一片真叶展出到定植。**第一片真叶展出后，白天保持温度 25℃左右、夜间温度 15℃左右，使昼夜温差达到 10℃以上，促幼苗健壮，并提高果菜类的花芽分化质量。

定植前 7～10 天，逐渐降低温度，进行炼苗，白天温度下降到 15～20℃，夜间温度 5～10℃。

培育早春露地用苗，应在定植前 3～5 天夜间无霜冻时，全天不覆盖或少覆盖，进行全天露天育苗，也即"吃几夜露水"，以增强幼苗对低温的适应能力。

37. 育苗钵育苗怎样进行水分管理？

育苗钵育苗容易发生干旱，需要经常浇水，保持水分供应。

白菜类蔬菜育苗钵育苗通常采取小水勤浇法，用喷壶喷水或用喷水器喷水。水要浇透，以钵底或盘底有水流出为宜，不可一次浇水过多，防止育苗土中的营养随水大量流失，同时也避免容器内发生积水，造成伤根等。

38. 育苗钵育苗怎样进行施肥管理？

(1)**育苗土育苗。**一般按配方要求配制育苗土时，育苗期间一般不再需要地面追肥，只进行适量的叶面追肥即可。但如果施肥不足或用小育苗钵培育大苗时，则仍需要进行地面追肥。

(2)基质育苗。由于受穴孔的大小限制，育苗基质的营养供应量一般不足，育苗中后期需要定期补充肥料。

(3)追肥方法。一般采取随水浇施法（育苗钵）或淋施法（穴盘），即先把适量的速效化肥溶入水中，配制成0.2%～1%浓度的肥液（浇施法宜高，淋施法应低），或者用预先沤制的有机肥液加水稀释至色浅味淡状，结合浇水浇入或淋入容器内。每7～10天追一次肥，连续追肥3～5次。

39.育苗钵育苗怎样进行光照管理?

白菜类育苗期对光照要求比较严格，光照不足不利于培育壮苗，容易形成下胚轴细长的“高脚苗”以及叶色偏黄的“黄化苗”等。

低温期设施育苗，由于受保温覆盖的影响，光照大多不足，需要采取措施增加光照，常用措施有及时间倒苗、延长光照时间、增加光照强度、连阴天里进行人工补光等。

40.白菜类蔬菜育苗期容易发生哪些问题？怎样预防?

(1)出苗不整齐。出苗不整齐有两种情况，一是出苗时间不一致，二是苗床内的幼苗分布不均匀。

①出苗时间不一致的主要原因。种子质量差；成熟度不一致，或新、陈种子混杂播种；苗床环境不均匀，局部间差异过大；播种深浅不一致。

苗床内幼苗分布不均匀的主要原因是由于播种技术和苗

床管理不好而造成的，如播种不均匀、局部发生了烂种或伤种芽等。

②预防措施。播种质量高的种子；精细整地，均匀播种，提高播种质量；保持苗床内的环境均匀一致；加强苗期病虫害防治等。

(2)子叶“戴帽”出土。幼苗出土后，种皮不脱落而夹住子叶，随子叶一起出土。“带帽”苗的子叶不能够正常伸展开，一是妨碍以后真叶的生长，容易造成叶片卷缩；二是子叶不能够进行正常的光合作用，不能为早期真叶的生长提供必需的营养，幼苗展叶缓慢，弱小，不利于培育壮苗；三是被种壳夹住的子叶部分往往先期发黄，后枯死，也容易感染病菌，引发苗期病害。

①主要原因。覆土过浅或覆土干燥，对种壳出土的阻力不够；播种方法不当，子叶无法脱壳或受到的土壤阻力不足；种子生活力弱，脱壳力不足。

②预防措施。要足墒播种；播种深度要适宜，高温期播后覆盖薄膜或草苫保湿。

(3)高脚苗。是指茎长、节疏、叶薄、色淡绿、组织柔嫩、根系少而浅，遇风或遭雨易倒伏。高脚苗在定植后缓苗慢、生长发育不正常，影响将来的产量和品质。

①主要原因。播种过密、播种时没有压实床土，种子与床土没有充分接触，出苗后又不及时删苗和移苗，使秧苗发生拥挤、互相遮阳；温度过高，尤其是夜间的温度偏高时，较容易发生高脚苗；土壤湿度长时间偏高。

②主要预防措施。第一，播种前耙细床土，适当稀播，并尽量播匀，播种后用木板压实床土，使种子与土壤充分接触，

并撒细土覆盖;第二,及时间苗和移苗,出苗后,根据出苗情况及时删苗,当秧苗具有两片左右真叶时,及时进行假植,以防秧苗拥挤,不进行假植者应随秧苗生长,及时进行间苗,保证秧苗有足够的生长空间;第三,无雨晴朗天气,一般白天覆盖遮阳网、草片等覆盖物,傍晚揭除,次日早上再覆盖,而阴天或小雨天气可不覆盖,使秧苗尽量多受露水滋润;第四,适当控制肥水,应根据秧苗的生长情况提供肥水,以免秧苗徒长;第五,一旦发现有出现高脚苗的倾向,可在秧苗地撒一些细土,以防秧苗倒伏;第六,及时定植。

(4)老化苗。也称之为僵苗、小老苗。主要表现为茎叶生长缓慢,茎细、叶小,叶色较深、发暗,幼苗低矮或瘦弱。老化苗定植后发棵慢,易早衰,且产量低。

①主要原因。苗床长期干旱,供水不足;苗床温度长时间偏低,特别是长时间低于生长的最低温度;施肥不当,发生了伤根。

②预防措施。保持苗床内适宜的温度,低温期炼苗时不过度控温;保持苗床内适宜的土壤湿度,不过分控水炼苗;合理施肥,适量施肥,用腐熟的有机肥混拌育苗土。

五、主要白菜类蔬菜栽培技术

41. 大白菜的优良栽培品种有哪些？怎样选择品种？

按结球早晚与栽培期长短，通常将大白菜分为早熟品种、中熟品种和晚熟品种。

(1)早熟品种。从播种到收获需 60～80 天。耐热性强，但耐寒性稍差，多用作早秋栽培或春季栽培，产量低，不耐贮存。优良品种有山东 2 号、鲁白 2 号、潍白 2 号、中白 19、中白 7 号、北京小杂 51、早心白、北京改良 67 号、北京小杂 60、京春早、辽白 5 号等。

(2)中熟品种。从播种到收获需 80～90 天。产量高，耐热、耐寒，多作秋菜栽培，无霜期短以及病害严重的地方栽培较多。优良品种有青杂中丰、鲁白 3 号、山东 5 号、青麻叶、玉田包尖、中白 65、中白 1 号、豫白 6 号、中白 76 等。

(3)晚熟品种。从播种到收获需 90～120 天。产量高，单株大，品质好，耐寒性强，不耐热，主要作为秋冬菜栽培，以贮存菜为主。优良品种有青杂 3 号、福山包头、城阳青、洛阳包头、中白 81、石绿 85、秦白 4 号、北京新 3 号、北京新 4 号等。

大白菜包括“秋冬茬”、“夏秋茬”和“春夏茬”三个茬次。“秋冬茬”白菜，首先应考虑到所选品种的生育期不得超过当地适宜大白菜生长的日数。因为大白菜的耐热、耐低寒能力较弱，各地适宜大白菜栽培的季节差异较大，如果在适宜大白菜生长日数短的地区栽培生育期长的品种，就可能到收获时大白菜叶球尚未紧实，影响产量和品质。其次，当地的土壤、水源以及栽培技术等条件也须考虑。如果土壤肥沃、灌溉便利，并且有栽培和消费习惯适宜的话，可选择“包头白”类型，或“筒子白”类型的大型品种。反之，如若土壤瘠薄或水肥、技术条件差，则应选择生育期相对较短、适应性较强的“筒子白”类型的中小型品种。“夏秋茬”白菜应着重注意选择品种的耐热性、抗病性和早熟性。因为这一茬生长在六七月份，正逢高温季节，最容易出现病毒病、软腐病等，所以，选好品种是关键，一般多选择花心型、直筒型或生育期短的早熟、极早熟品种。“春茬”栽培必须选择冬性强、耐低温、抗腐烂的早中熟品种。春茬白菜前期温度低，易导致幼苗过早地通过春化而出现“先期抽薹”现象，后期又遭遇高温，容易患软腐病，因此，普通秋冬茬使用的品种一般不宜作春茬栽培。

42. 怎样确定大白菜的栽培季节和茬口安排？

大白菜要求温和的气候条件，因此，全国各地主要安排在秋凉季节栽培。我国各地大白菜秋季栽培情况大致如下（表22）。

表 22　主要地域大白菜秋季茬口安排

地域	播种期	收获期
华北地区	8 月上旬	11 月上旬
东北及蒙、新地区	7 月中下旬	10 月下旬
长江中下游地区	8 月下旬	12 月至第二年 3 月
华南地区	9～11 月份	分批采收

此外，一些地方，特别是城市郊区伏白菜栽培的也比较多，该茬白菜选用早熟、耐热的品种，于夏季(7 月中、下旬)播种，国庆节前收获上市。春大白菜栽培近几年发展迅速，该茬大白菜通过选用栽培期极短(70 天以内)的抗抽薹品种，早春保护育苗，露地定植，于初夏收获上市，效益比较好。

大白菜对轮作倒茬要求不严，但忌讳与小白菜、甘蓝、萝卜等十字花科作物间作套种，也最好不要连作，以防止病虫害相互传染。

43. 大白菜对栽培环境有哪些要求?

(1)温度。喜冷凉气候，生长适温 10～22℃，结球期适宜温度 12～22℃。高于 25℃或低于 10℃均生长不良。5℃以下停止生长，遇短期－5～－2℃低温可恢复生长，－5℃时间较长时，易受冻害。种子春化型蔬菜，一般萌动后的种子在 2～10℃范围内，10～15 天可完成春化。在 12 小时以上的日照和 18～20℃的条件下，开始抽薹、开花、结荚。

(2)光照。具有一定的耐弱光能力。光补偿点为 1.5～2.0 千勒，饱和点为 40 千勒，适宜光照强度为 10～15 千勒。

(3)水分。喜湿，适宜土壤湿度为田间最大持水量的80%～90%，空气相对湿度为65%～80%。

(4)土壤与营养。大白菜产量高，需肥量大，以土层深厚、疏松肥沃、富含有机质的壤土和轻黏壤土为宜，适于中性偏酸土壤。每生产1 000千克鲜菜约吸收氮1.86千克、磷0.36千克、钾2.83千克、钙1.61千克、镁0.21千克。缺钙易造成球叶枯黄的“干烧心”现象。

44. 大白菜栽培应怎样施底肥？

施用底肥应根据土质、地力、品种及生育期长短综合考虑。大白菜是需肥量较高的蔬菜，生长期长、生长量大，尤其是晚熟品种，植株大，产量高，需大量有机肥料才能满足大白菜中、后期结球时对肥料的需求，所以，一般每亩地需施优质底肥4 000～5 000千克。

底肥施用种类，一般是有机肥与化肥相结合。有机肥包括农家秸秆肥、家畜家禽粪肥等(俗称“厩肥”)。春季宜选用羊、马、鸡粪等热性肥料，夏秋宜施用猪、牛粪肥等凉性肥料。无论哪种有机肥都必须充分腐熟后方可施用，否则会因发酵发热造成烧根伤根。鸡粪等还需在沤制腐熟时喷洒辛硫磷等农药杀灭粪内虫卵。

化肥作为底肥，需要一部分氮肥、钾肥和全部的磷肥，并与有机肥综合考虑，若有机肥不足，可适当多用化肥。麦茬地等应适当多施基肥。施肥宜在平整土地后，翻耕、耙磨之前进行。夏秋茬地下害虫严重的地块，耕地前每亩用1.5～2.5千克西维因粉或辛硫磷防地下害虫，药粉可掺土撒施，药液可对

水喷施。

在耕地前先将60%的厩肥撒在地里深翻入土，耙地前把40%的厩肥撒在地面耙入浅土中，然后起垄。忌施生肥以免“烧根”，同时可施用磷酸二铵13～15千克或施用复合肥15～20千克。在缺钾的地块可施用硫酸钾8～10千克。缺钙的地块可施用过磷酸钙20～30千克，以满足大白菜全生长期生长发育的需求。

45. 大白菜栽培怎样做畦？

栽培畦有高畦、垄畦和低畦等几种形式。低畦畦宽1.2～1.5米，种植1～3行；垄畦垄高15～20厘米，垄距50～60厘米，每垄种植一行；高畦高度10～20厘米，畦面宽50～60厘米，种植两行。华北多采用垄畦或低畦，南方多用高畦（图5）。

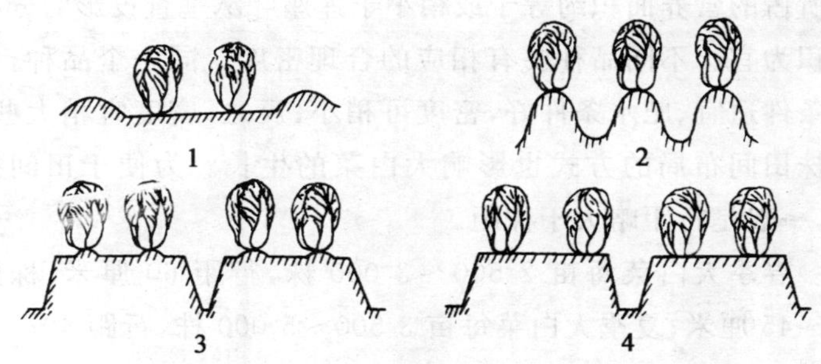

图5　大白菜栽培畦形式

1.低畦　2.垄畦　3.改良小高畦　4.高畦

白菜做畦方式因地区、季节而异。春季栽培或雨水较少地区多平畦栽培，或地膜覆盖半高垄栽培，也有地膜覆盖平畦栽培。平畦宜小不宜大。夏秋栽培或多雨地区常起垄栽培，一垄种一行。干旱少雨地区宜采用平畦，以利浇水管理。秋冬茬大白菜等也可采用半高垄地膜覆盖栽培，垄型同春茬。实践证明，秋季地膜覆盖可起到节水保墒和高产稳产的作用。特别是在高温干旱或多雨成涝的年份，或在土壤瘠薄、病虫害严重的地块，地膜覆盖稳产和增产效果十分明显。故有条件的最好采用地膜覆盖半高垄栽培。

46. 怎样确定大白菜的定植密度?

合理密植是提高大白菜产量和商品质量的重要措施。种植密度因品种、地力和气候条件而异。合理密植的指标是植株所占的营养面积约等于或稍小于莲座叶丛垂直投影的分布面积为宜。不同品种要有相应的合理密度。同一个品种，气候条件适宜、肥水条件好，密度可稍小；反之，密度宜稍大些。植株田间布局的方式也影响大白菜的生长。为便于田间操作，一般是行距略大于株距。

春季大白菜每亩 2 500～3 000 株，行距 60 厘米，株距 35～45 厘米；夏季大白菜每亩 3 500～5 000 株，行距 40～50 厘米，株距 33～40 厘米；秋季大白菜早熟种每亩 2 500～4 000 株，行距 50 厘米，株距 33～50 厘米，中晚熟种每亩 1 800～2 700 株，行距 60 厘米，株距 60 厘米。

47. 大白菜定植应注意哪些问题?

(1)定植时间要适宜。育苗床当幼苗长有5～6片真叶时移栽。夏秋育苗白菜定植时期宜早不宜迟;春季育苗大白菜定植时期与露地直播时间基本相同或略迟。

(2)以阴天或晴天下午16:00后定植为宜。

(3)起苗前应先浇水洇地,切坨时尽量多带宿土,定植深度以土坨与垄面相平为宜。在定植中要注意,一是要把定植苗的根连同根土一起竖直的放入定植坑中,不要使根系弯折,影响定植后生根;二是在埋土时,不要埋住白菜幼苗的生长点,防止影响定植苗的生长。

(4)定植后浇透水,勿淹没菜心,以利于缓苗。

48. 大白菜栽培对水分有哪些要求?怎样进行水的管理?

大白菜的叶片多,叶面积大,叶面角质层很薄、蒸腾量很大,因此对土壤湿度要求较高。在营养生长时期,土壤水分以维持田间持水量的80%～90%为宜,低于70%时,对产量和品质均发生不良影响。当长期在95%以上高湿条件下,病害重或贮藏期限间易脱帮。空气相对湿度以65%～80%为宜。过高、过低均对生长、结球不利。大白菜种子发芽和出苗要求土壤水分15%～25%,低于10%发芽和出苗都要受影响。幼苗期需水量较少,但种子发芽出土需有充足水分;幼苗期根系弱而浅,天气干旱应及时浇水,保持地面湿润,以利幼苗吸收水分，防止地表温度过高灼伤根系。莲座期需水稍多，但过湿则容易造成莲座叶徒长，而且容易发生霜霉病，掌握地面见干见湿，适当促进莲座叶的生长。结球期叶球的增长占最终株重的70%左右，需水量最大，要经常保持土壤湿润。后期适当少浇水，以免叶球开裂和便于贮藏。贮藏期适宜的空气相对湿度为 90%～95%，湿度过低外层球叶易干缩，湿度过高易腐烂。

49. 大白菜栽培对施肥有哪些要求？怎样进行施肥管理？

白菜的生长量大，生育期短，需要在各个生育期保证营养的供应，才能加速生长，提高产量。白菜在生长过程中吸收大量的氮、磷、钾和一些微量元素。据资料记载：亩产 5 000 千克大白菜大约吸收氮 13.5 千克，磷 4 千克，钾 10 千克。各生育期需肥量也不同，莲座期以前占吸收总量的 10%，结球期占吸收总量的 90%。

(1)提苗肥。在肥力不很高的土壤中，为了保证幼苗期得到足够养分，播种时需要施速效性种肥称为“提苗肥”或“口肥”。每亩用尿素或复合肥 5～7 千克，可促进幼苗生长，并使小苗、弱苗快速生长，达到苗齐苗壮。播种时种子与肥料要分开，防止烧苗。

(2)发棵肥。莲座期生长的莲座叶是将来在结球期大量制造光合产物的器官，充足的肥水是保证莲座叶强壮生长的关键，同时莲座叶生长又不能过旺，徒长、过旺会导致延迟结球。“发棵肥”应在定苗后 5～7 天，田间有少数植株开始团棵

时施入，每亩可随灌水施人粪尿 800～1 500 千克，草木灰 50～100 千克；或在距植株 8～10 厘米处刨埯施入尿素 10～15 千克，硫酸钾 5～7 千克盖严土。还可叶面喷施 1～2 次磷酸二氢钾等叶面肥，如果莲座后期有徒长现象，则先“蹲苗”后施肥。

(3)结球肥。结球期是形成产品的时期，同化作用最强盛，每日每株生长量可达 75～100 克，是生长量最大，需肥水量最多时期。在包心前 5～6 天施用结球肥，用大量肥效持久的完全肥料，特别是要增施钾肥。每亩施尿素 10～12 千克，过磷酸钙及硫酸钾肥各 10 千克左右；或复合肥 20～25 千克；或粪干 1 500 千克，草木灰50～100 千克作结球肥。为使养分持久，最好将化肥与腐熟的厩肥混合，在行间开 8～10 厘米深沟条施为宜。这次追肥有充实叶球内部、促进“灌心”的作用，因此又称“灌心肥”，为了防止发生“干烧心病”，可在这一时期喷 0.4％氯化钙 2～3 次，可以提高大白菜产量、品质和商品率。

50. 大白菜为什么要束叶？怎样进行束叶？

大白菜秋冬栽培在结球末期气温已明显下降，光合作用已很微弱，叶球已基本长成，但只要温度在 0～5℃，外叶中的营养物质就会不断地向球叶运转，因此宜采取“束叶”（俗称“捆菜”）措施，提高土壤温度，促进外叶养分转移和叶球充实增重。此外，“捆菜”还具有防止叶球受冻、便于收获搬运等优点。

白菜是在早霜到来时进行束叶，具体做法是在收获前10天左右，扶起外叶，包裹叶球，用绳索将叶球上部捆扎住。

51. 直播大白菜一播全苗有哪些技术要点？

为保证一播全苗应采取以下措施：

(1)用新种子播种。要用当年的种子播种，陈种子发芽率低，应加大播种量。

(2)适时播种。新种子应于傍晚播种，陈种子应于上午播种。

(3)足墒播种。最好在雨后表土湿润时趁墒播种，干旱地区应提前浇水造墒或在播种穴或沟中先浇水再播种。

(4)精细播种。开沟深浅一致(2厘米)，沟底平坦，播后覆土松细，厚度一致。

(5)播后镇压。干播种后应适度镇压，防种子落干。

(6)保湿、防雨。播后用树叶、遮阳网等覆盖，既能保湿防旱，也能够防止雨后地面板结。

在前作物未能及时腾地时，则采用育苗移栽方式。苗床应设在利于排灌的地块，定植每亩需育苗床30～35米^2，将苗床作成1～1.5米宽的低畦，施入250千克充分腐熟的厩肥、1.5千克过磷酸钙、5千克草木灰，翻地15厘米深，使粪土混匀。耙平畦面，浇透底水，水渗后将种子与5～6倍细沙混匀后撒种，再用过筛细土覆盖1厘米厚。用种量100～125克。由于育苗移栽需要一定的缓苗期，育苗时应比直播白菜提早3～5天播种。

52. 直播大白菜苗期需要进行哪些田间管理？

大白菜从播种到生长至 7～8 片真叶为幼苗期，生长期 22～25 天。这段时间的管理要点如下：

(1)浇水。播种后若墒情好，在发芽期间可不浇水，若底墒不足或遇高温干旱年份，宜采取“三水齐苗，五水定棵”的浇水方法，即播种后浇一水，幼苗开始拱土时浇第二水，子叶展开后浇第三水，间苗、定苗后各再浇一水。

(2)查苗补苗。齐苗后及时检查苗情，若有漏播或缺苗，应立即从苗密处挖取小苗补栽，不宜补种，以免苗间长势差异过大。

(3)间苗、追肥。播后 7～8 天，幼苗拉十字时进行第一次间苗，苗距 7～8 厘米，间苗后结合浇水追施少量氮肥提苗。当幼苗长有 4 片真叶拉大十字时进行第二次间苗，苗距 15 厘米，间苗后结合浇水对长势较弱的幼苗偏施氮肥提苗。5～6 叶时进行第三次间苗。间苗时要选留壮苗、大苗，淘汰弱小苗、病苗和杂苗。团棵时定苗，株距依品种而定：大型品种 50～53 厘米，小型品种 46～50 厘米。

(4)中耕除草。要浅锄垄背，深锄垄沟，并将少量松土培到幼苗根部，防止根系被水冲刷外露。干旱年份要使表土细碎，雨涝年份中耕可适当粗放，中耕撤墒。

53. 春季反季节大白菜栽培应掌握哪些技术要点？

春季大白菜属于反季节生产，栽培技术要求比较高，措施不当很容易发生未熟抽薹现象，不能形成正常产品。其栽培要点如下：

(1)选择适宜品种。应选择早熟、不易抽薹和耐热抗病品种，如潍白6号、北京小杂55、北京小杂56、春大将、阳春、亚蔬1号、鲁春白4号等。

(2)设施育苗移栽。在温室或温床、阳畦内育苗。育苗中避免低于10℃以下的低温出现。一般适宜苗龄为30～35天，待天气转暖，夜间温度不低于8～10℃时定植。

(3)加强田间管理。菜地耕翻晒垡，早春再施足速效性基肥和种肥耕平细耙。春大白菜栽植密度一般为行距35～45厘米，株距33～40厘米，穴栽。苗期应少浇水，以免降低地温影响发根。定植后2～3天浇缓苗水，并中耕保墒。缓苗后浇水追肥，结球初期重施1次速效氮肥，每亩施尿素15～20千克。莲座期不蹲苗，生长期间5～7天浇1次水，结球后浇水不宜过多，保持地面见干见湿，以免高温高湿诱发软腐病。

54.怎样确定大白菜的适宜采收期？采收时应注意哪些问题？

大白菜的早熟品种以鲜菜供应市场，在叶球长成时应及早收获。中晚熟品种一般在严霜来临之前收获。南方冬季无严寒地区，可留在地中过冬，根据市场需求随收随卖。

秋冬大白菜临近收获时，正值秋末冬初，气候不稳定，常伴有寒流袭击。因此，到收获季节要特别注意天气预报，谨防突然降温或雨雪后冰冻，造成重大损失。一般当夜间最低温度降至－3～－2℃时，就应开始收获。若天气预报将有－5℃

以下的低温寒流，则必须在寒流到来之前将白菜收藏。如果时间来不及，可先将白菜砍倒，就地码垛成堆（根朝内），上面简单覆盖掉落的帮叶等临时防冻。以后再逐渐整理出售或入窖贮藏。入窖贮藏之前须堆放1～2周，使之散失掉一部分水分和田间热。

夏秋早熟白菜、春白菜的收获，则要求做到尽早收、及时收，若收获不及时，一方面可能出现价格下降，影响效益；另一方面可能出现叶球腐烂等病变现象，春白菜还有可能出现“先期抽薹”、叶球开裂等现象，从而影响产量和品质。

55. 大白菜采收后需要进行哪些处理？

(1)适当晾晒。 大白菜的含水量一般为93%～95%，由于含水量高，新陈代谢旺盛，休眠期短，而且组织脆嫩，容易断裂，容易为细菌侵入造成良机，这都不利于贮藏。因此，收获后将大白菜平铺在地面上晾晒3～4天，并上下翻动，使其含水量均匀。经过晾晒，水分含量约减少20%，使菜帮达到绵软程度，这样既能降低细胞膨压，减少贮藏中的机械损伤，又能提高细胞液浓度，降低新陈代谢作用，使白菜结冰点温度更低，以增强耐藏性能。

(2)撕叶、分级。 外叶叶柄虽对贮藏有保护作用，但外叶叶片却对贮藏有不利的影响，因为贮藏码垛时，植株与植株之间需要有适当空隙，才能通风透气。可是在贮藏码垛时，植株与植株间的空隙之处，常被肥大萎蔫的外叶片堵塞，不易散热，这样既影响了呼吸作用，又使垛内温度升高，从而易发生腐烂现象。因此，要将晾晒后的外叶叶片部分摘除，只保留外叶叶柄。

贮藏前要将产品进行分级，凡植株上患有病害者，一律剔除，先行上市或处理。如患有霜霉病、白斑病者，叶片上病斑显而易见；患干烧心病者，叶球顶部有枯萎痕迹；患软腐病者，叶柄基部的褐斑明显，均可一一辨认分拣。此外，如植株开裂或球叶过小的，都应分别剔除。

(3)临时堆藏。贮藏时间要严格掌握，以防气温回升，发生烂窖现象。为此，收获后要在外界最低气温降到－7℃左右才可入窖贮藏，否则要做好临时堆藏，以免受冻。临时堆藏的方法是将经过晾晒、分级的白菜，在窖外露地码成长条垛或圆形垛，前者两排合成一垛，根部相对，顶部向外；后者码一井状圆形，根部向内，顶部向外，底层直径 0.6～0.7 米，码到六七层后，逐渐向内合拢，顶上再用菜叶或草席覆盖，以防受冻。

(4)贮藏。大白菜性喜冷凉湿润，其贮藏适宜温度为－1～1℃，相对湿度为 85%～90%。

56. 甘蓝的优良栽培品种有哪些？怎样选择品种？

结球甘蓝简称甘蓝，别名有洋白菜、卷心菜、包心菜等，起源于地中海至北海沿岸。

(1)按叶球颜色可分为普通甘蓝、紫甘蓝和皱叶甘蓝三类。目前以白球甘蓝栽培最为普遍。普通甘蓝按叶球形状又可分为尖头、圆头和平头三个类型(图 6)。

①尖头型。叶球小，呈牛心形，叶片长卵形，中肋粗，内茎长，产量较低。从定植到开始收获需 50～70 天。一般作春早

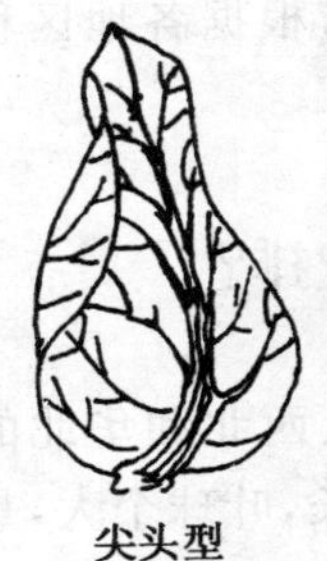
尖头型

圆头型

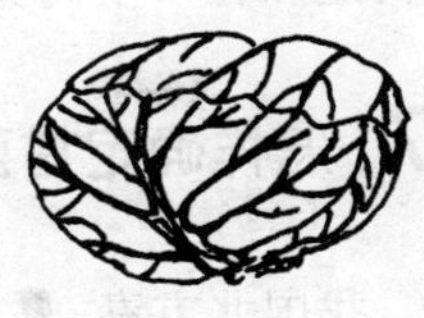
平头型

图 6　普通甘蓝的三种类型

熟栽培，代表品种有牛心、鸡心甘蓝等。

②圆头型。叶球顶部圆形，整个叶球圆球或高圆球形。内短缩茎小，结球坚实。从定植到收获 50～70 天。春秋季均可栽培，代表品种有金早生、北京早熟等。

③平头型。叶球顶部扁平，整个叶球扁圆形。多是中晚熟或晚熟品种，从定植到收获需 70～100 天以上，适于秋季栽培，代表品种有黄苗、京丰 1 号、晚丰等。

(2)根据成熟期分类

①早熟品种。从定植到收获需 40～50 天，优良品种有四季 39、中甘 12、冬甘 1 号、中甘 11 等。

②中熟品种。从定植到收获需 55～80 天，优良品种有中甘 15、华甘 1 号、迎春、西园 4 号、东农 609、豫生 4 号、中甘 8 号等。

③晚熟品种。从定植到收获需 80 天以上，优良品种有中甘 9 号，华甘 2 号、黄苗、黑叶小平头等。

春甘蓝多为早熟、叶球尖头、圆头型品种；夏甘蓝多用耐热、抗病的中晚熟品种，叶球多平头型；秋甘蓝根据各地区秋季长短和茬口不同分别选用早、中、晚熟品种。

57. 怎样确定甘蓝的栽培季节和茬口安排？

我国北方春、夏、秋均可露地栽培。东北、西北和华北的高寒地区，多于春、夏育苗，夏栽秋收，生长期长，叶球个大，是我国甘蓝的主产区。华北及东北、西北的部分地区，以春、秋两茬栽培为主，亦可进行多茬栽培。

58. 甘蓝对栽培环境有哪些要求？

(1)温度。喜凉爽较耐低温，在月均温7～25℃的条件下均可正常生长结球。种子发芽适温为18～20℃，最低2～3℃。幼苗期能忍受-2～-1℃的低温，短期忍受-5～-3℃的低温，经过锻炼的幼苗可忍受-12～-8℃的低温。幼苗也能耐35℃的高温。叶球生长适温为17～20℃，25℃以上对结球不利。

甘蓝属于绿体春化型蔬菜作物，早熟品种长到3片叶，茎粗0.6厘米以上，中晚熟品种长到6叶，茎粗0.8厘米以上，接受10℃以下低温，才能通过春化，在2～5℃范围内完成春化更快。通过春化所需时间是早熟品种30～40天，中熟品种40～60天，晚熟品种60～90天。

(2)光照。长日照作物，对光照强度要求不严，光饱和点为30～50千勒。要求较湿润的栽培环境，适宜土壤湿度为70％～80％，空气湿度为80％～90％。

(3)**土壤和营养。**喜肥耐肥，适于微酸至中性土壤，有一定的耐盐碱能力。生长期吸收氮、磷、钾的比例为 3∶1∶4，每生产 1 000 千克鲜菜需吸收氮 4.1～4.8 千克，磷 1.2～1.3 千克，钾 4.9～5.4 千克。对钙需求量较多，缺钙易发生干烧心病害。

59. 春甘蓝应怎样施底肥?

春甘蓝育苗移栽、培育壮苗是高产的基础。苗床施肥是培育壮苗的关键。育苗床土要选择土壤肥沃，上一年度没有种植过十字花科蔬菜的田园土。苗床要施用充分腐熟的农家肥，配合施用适量的氮、磷、钾三元复合肥。一般每亩用腐熟厩肥或堆肥 4 000～5 000 千克，并将磷肥 50～70 千克，与之混合堆集，腐熟后施用。因结球甘蓝苗期需钾量不大，可不施或少施钾肥。定植前，选择前茬为非十字花科的地块，结合整地每亩施优质腐熟农家肥 2 000 千克，过磷酸钙 50 千克，复合肥 50 千克，起垄铺膜。

60. 春甘蓝怎样做畦?

栽培春甘蓝的冬闲地应秋、冬耕翻 20～25 厘米深，在栽培之前还应耙耢土壤，平整畦面。北方的平畦一般整成宽 1.5～2 米、长 30～50 米的大畦，南方高畦可做成宽 1～1.5 米、长 10～15 米。进行地膜覆盖的畦面，南北方都整成高 15～20 厘米、宽 1～1.5 米、长 10～15 米的高畦，栽培早熟甘蓝。不论平畦或高畦，都应将畦耙平，土粒打细，压实。

61. 怎样确定春甘蓝的定植密度?

甘蓝根据从定植至叶球成熟的天数可粗略地划分为早熟种、中熟种、晚熟种。定植密度根据品种特性、气候条件和土壤肥力而定。一般来说,北方早熟种每亩定植 4 000～6 000 株,中熟种定植 2 200～3 000 株,晚熟种定植 1 800～2 200 株。南方早熟品种每亩定植 3 500～4 500 株,中熟品种 3 000～3 500 株,晚熟品种 1 600～2 000 株。

62. 春甘蓝定植应注意哪些问题?

(1)定植要适期,不宜过早或过迟。过早定植,外界气温很低,不易缓苗,叶片变深紫色,光合作用差,根系活动缓慢,甚至停止,容易通过春化而抽薹,生长受到影响;定植过晚,不仅晚熟,而且产量也低。因此,春甘蓝栽培应在春季重霜过后、气温在 6℃以上时进行。在塑料薄膜小拱棚定植春甘蓝,需 10 厘米土温稳定在 5℃以上,棚中夜温不低于 6℃。风障前早熟栽培的,定植时间可比露地栽培早 8～10 天。定植时选健壮秧苗,防止伤根。定植不宜过深,开沟或挖穴与土坨厚度一致,培土与秧苗土坨齐平,不要埋土过厚,随即浇水。

(2)甘蓝定植前要翻地,施基肥,做畦做垄。

(3)春甘蓝幼苗在定植时浇定根水,于恢复生长后结合追肥再浇水 1 次。

63. 春甘蓝对水分有哪些要求？怎样进行水管理？

甘蓝根系分布较浅，叶面积大，蒸腾量多，故要求在湿润气候条件下生长。一般在空气相对湿度 80%～90% 和田间持水量 70%～80% 的条件下生长最好。甘蓝在结球期对土壤湿度要求严格。如气候干旱，土壤水分不足，则生长缓慢，包心延迟，叶球松散严重影响产量。甘蓝不耐涝，雨水过多，土壤排水不良时，根系易变褐死亡。

苗期一般采取控温控水办法调节其生长。浇水多了易引起徒长和发病。一般在播种及移苗时浇透水，以后不旱不浇。育苗期间最好结合浇水，轻浇 1～2 次肥水。生长后期遇到连续阴雨天气应注意及时排涝。

64. 春甘蓝对施肥有哪些要求？怎样进行施肥管理？

春甘蓝育苗，易出现先期抽薹现象，除严格掌握播种期外，还要注意苗期施肥，苗期施肥少，营养条件差，易促使抽薹；施肥过多，幼苗生长太快，容易过早感受低温，需控制施肥。在一般情况下，冬前应少施速效性氮肥；分苗时施少量速效性氮肥，以利于根系恢复生长，促进缓苗。在定植起苗前，追施一次氮肥，对提高幼苗抗性、缩短缓苗期很有好处。

大田施肥：

(1)基肥。一般应在施用有机肥的基础上，配合施用高氮高钾复合肥每亩 30～50 千克，施用单质化肥尿素 10～15 千克,磷酸二铵 10 千克,硫酸钾或氯化钾 10～15 千克。对缺硼、缺镁的地块,应配合施用硼肥和镁肥,一般每亩底施硼肥 1～1.5 千克,硫酸镁 10～15 千克。

(2)追肥。因春甘蓝和秋甘蓝栽培季节不同而有差别。春甘蓝生育期相对较短,追肥时期适当提前。春甘蓝进入莲座期,根系吸收能力逐渐加强,结合中耕松土进行第一次追肥,每亩追施尿素或高氮复合肥 10 千克左右。进入结球期,早熟品种追肥 1～2 次,晚熟品种追肥 2～3 次。此期甘蓝对氮、磷、钾养分均有较高的需求,一般应在结球初期,根据甘蓝的长势,对底肥不足的、长势较弱的地块,加大追肥量,一般每亩追施复合肥 40～50 千克。施肥要入土,并及时浇水,促进结球。

65. 秋甘蓝对底肥有哪些要求？怎样施底肥？

秋甘蓝苗床施肥是培育壮苗的关键。应选择通风凉爽、土壤肥沃、排灌方便、前作非十字花科、病虫害少的地块。前作物收获后及时清除杂草,翻耕晒地。播种前耙碎土块,每亩施入腐熟人粪尿或优质厩肥 1 500～2 000 千克作基肥,再进行浅耕耙平,使土壤疏松,土肥混匀。定植前,视土壤肥沃情况,下足底肥,一般在翻耕前,结合整地,每亩施腐熟厩肥 4 000 千克左右和磷钾肥 25～30 千克。

66. 秋甘蓝对做畦有哪些要求？怎样做畦？

整平耙细后做畦。北方一般做成宽 1.5～2 米的低畦,南

方多采用深沟高畦，畦高 20～30 厘米，畦宽 1～1.5 米，畦面中间稍凸，以防积水。

67. 怎样确定秋甘蓝的定植密度？

一般耐热的早中熟品种如夏光、黑叶小平头等按 34 厘米×45 厘米定植，每亩栽植 3 500～4 000 株；中熟品种如京丰 1 号等，株行距 40 厘米×50 厘米，每亩栽植 2 500～2 800 株；晚熟品种如晚丰等株行距 50 厘米×60 厘米，每亩栽植 1 500～2 000 株。

68. 秋甘蓝定植应注意哪些问题？

(1)当苗龄 40 天左右，苗高 10 厘米，真叶 6～8 片时，选晴天下午或阴天带土移栽。

(2)在定植前一天下午或当天上午用清水淋窝，定植后浇足定根水。

(3)起苗时尽量少伤根，保持土坨完整，定植时应适当浅栽。

(4)早秋及秋冬甘蓝的定植期正逢高温干旱季节，定植后要及时覆盖遮阳网等遮阳降温，并根据天气、苗子及土壤湿度情况灵活揭盖，保证苗齐苗壮。

69. 秋甘蓝对水分有哪些要求？怎样进行水管理？

甘蓝喜湿，定植后随即浇水。如果发现秧苗心叶被泥糊住，次日清晨可用喷雾器喷清水冲净心叶上的泥土，下午再浇1次水。天旱无雨时，定植后的第三天下午再浇1次水。生长前期由于气温高，蒸发量大，应每隔7～10天浇水1次。到了开始包心后进入生长盛期更不能缺水。天旱时生长不良，结球延迟，甚至开始包心的叶片也会重新张开，不能结球。甘蓝形成1千克叶球，约需要吸收100千克水分。浇水的次数根据天气情况和土壤保水力而定。如果在晴天的中午前后叶片萎蔫塌地，就应及时浇水，保持畦面湿润。叶球包紧后应停止浇水，否则容易引起叶球炸裂。甘蓝喜湿润，但忌土壤积水。遇大雨时要及时清沟排水，防治田间积水成涝。

70. 秋甘蓝对施肥有哪些要求？怎样进行施肥管理？

秋甘蓝生长期间通常追肥4～5次，分别在缓苗期、莲座初期、莲座后期和结球初期进行，重点在结球初期。追肥的浓度和用量，随植株的生长而增加，并酌量增施磷、钾肥。定植成活后及时用腐熟清水粪提苗，或每亩施尿素5～7.5千克。在莲座叶生长初期施1次腐熟人粪尿，或每亩尿素7.5千克。在莲座叶生长盛期，在行间开沟窖施饼肥，并加草木灰，施后封土浇水。球叶开始抱合时，追施1次重肥，每亩施腐熟人粪尿700～800千克，或尿素15千克。此后早熟和中熟品种一般不再追肥。对于中晚熟和晚熟品种在结球中期（距上次追肥时间15～20天）还应再施1次速效化肥。此时畦面已被外叶覆盖，施肥不方便，可用1%的尿素加0.1%～0.2%的磷酸二氢钾进行根外喷施，或每亩随水冲施尿素5～7.5千克，促

进结球紧实。缺钙会引起叶缘枯焦，俗称“干烧心”。值得注意的是，一般土壤中钙的含量并不少，但钙在植物体内不容易运转，在干旱和施肥浓度高或积水情况下会引起植株对钙吸收困难，产生缺钙症。因此，天气干旱时追肥的浓度宜淡。此外，老菜地和红黄土壤容易发生镁和硼缺乏症。

71. 大棚甘蓝栽培应掌握哪些技术要点？

(1)选择适宜品种。保护地栽培甘蓝宜选用早熟、冬性较强、抽薹率低、抗病、高产、优质的品种，如中甘 11 号、83-98 等。

(2)适期播种。大棚甘蓝 11 月下旬播种，1 月下旬至 2 月上旬定植，4 月上旬开始上市。甘蓝育苗移栽时每亩大田用种量 40 克。

(3)培育壮苗。做宽 1.2 米的平畦，畦内营养基质为营养土或无土营养基质。整平畦面，浇透水，水渗下后撒播种子，播后覆土 0.6～1.0 厘米厚。出苗前苗床温度白天控制在 20～25℃，夜间 15℃；出苗后及时放风，白天温度保持在 18～20℃，夜间 8～12℃。3 叶期分苗，苗距 8 厘米×8 厘米，缓苗前白天温度保持在 25℃，夜间 13～15℃。缓苗后，白天温度保持在 15～20℃，夜间 10～12℃，不能低于 8℃。追施速效氮肥，每平方米苗床用 50 克，叶面喷施浓度为 0.2%的磷酸二氢钾溶液等。定植前 1 周进行低温锻炼，白天温度控制在 15℃，夜间不能低于 10℃。低于 8℃宜促使幼苗通过春化，发生早期抽薹。壮苗标准为：植株有 6～8 片真叶，叶丛紧凑，叶色浓绿，叶肥大，茎粗壮，根系发达，苗龄 60～70 天。

(4)合理密植。1月下旬至2月上旬定植，定植前每亩施优质圈肥4吨，磷酸二铵30千克。做小高畦，畦宽50厘米，栽2行，小行距30厘米，大行距40厘米，株距31厘米，每亩栽6000株。定植时每亩施尿素20千克。栽后覆地膜，搭小拱棚。

(5)田间管理。缓苗前棚内温度白天保持在25℃，夜间15℃。定植前穴内浇足水。定植后4～5天浇1次缓苗水。缓苗后保持土壤湿润，随水每亩施尿素25千克，促进莲座叶生长，保持棚内温度白天20～25℃，莲座末期适当控水。蹲苗15天左右，当植株茁壮生长，叶片明显挂厚蜡粉，心叶开始抱合时结束蹲苗并浇水，每亩施磷酸二铵30千克、硫酸钾30千克。以后保证充足的肥水，每7天左右浇1次水，结球中期，结合浇水每亩施磷酸二铵25千克，硫酸钾30千克。保持棚内温度白天17～20℃，夜间10～12℃。叶球紧实后及时收获。

72. 小拱棚甘蓝栽培应掌握哪些技术要点？

(1)品种选择。选择冬性较强的早熟品种。目前，主要栽培品种有鲁甘蓝2号、中甘11、8132、中甘12号等。

(2)育苗。育苗设施最好采用温床、阳畦、日光温室空闲地等，苗龄一般70～80天。华北地区一般12月下旬为播种最佳适期。

(3)苗期管理。幼苗出土前白天保持20～25℃，夜间保持15℃，幼苗出土后及时放风，白天温度为18～23℃，夜间床温不低于10℃，减少低温影响，防止定植后先期抽薹。

壮苗的形态特征：6～8片真叶，叶丛紧凑，叶色浓绿、叶肥大、茎粗壮，大小整齐根系发达。

(4)施肥做畦。结合整地，每亩施腐熟的优质有机肥2～3吨、尿素50千克、磷酸二氢钾20千克作基肥。整平耙细后，做宽为1.6米的低畦。定植前7天，用竹片在畦上搭建拱棚，及时扣棚，提高地温，棚内10厘米的地温稳定在5℃，气温稳定在8℃以上后定植。

(5)定植。早熟品种每畦栽4行，行距40厘米，株距30厘米，每亩栽苗5 000～5 200株；中熟品种按50厘米见方栽植，每亩栽苗2 500～3 000株；晚熟品种按60厘米见方栽植，每亩栽苗1 500～2 000株。

(6)田间管理

①温度管理。棚内温度超过25℃时，应适当通风，促进棚内气体交换。3月底4月初，外界气温已经升高，不同地区可根据天气选择将棚膜全部揭开或是不揭(如北京等地一般不揭膜)。

②肥水管理。定植后，浇1次缓苗水，进入莲座期，可结合浇水每亩施尿素20千克，促进茎叶生长，结球初期第二次追肥，每亩施优质复合肥25千克，或腐熟有机肥700～800千克。此后5～7天浇1次水，叶球生长盛期第三次追肥，每亩施尿素25千克。

73. 什么是紫甘蓝？优良品种有哪些？

紫甘蓝又称红甘蓝、赤甘蓝，是结球甘蓝中的一个类型，由于它的外叶和叶球都呈紫红色，故名。紫甘蓝也叫紫圆白菜，叶片紫红，叶面有蜡粉，叶球近圆形。

主要的优良品种有以下几种：

(1)红亩。红亩紫甘蓝是由美国引进的中熟品种。从定植到收获需80天左右，每亩密度2 000～2 200株。红亩可在温室、改良阳畦、塑料大棚和露地栽培。

(2)紫甘1号。紫甘1号是由国外引进的紫甘蓝品种中选出的优良品种。从定植到收获需80～90天，其耐贮性及抗病性较强。紫甘1号适合春季保护地、露地栽培，种植季节可参考红亩品种。

(3)早红。由荷兰引进的早熟紫甘蓝品种。从定植到收获需65～70天。早红紫甘蓝适宜于春秋两季保护地及露地栽培。

(4)巨石红。由美国引进的中熟紫甘蓝品种。从定植到收获需85～90天。耐贮性强。每亩定植密度2 000～2 200株。巨石红主要适宜于春秋露地栽培，春季露地栽培可由12月下旬到翌年1月上旬播种，3月中、下旬定植，株行距50厘米×60厘米，收获期在6月中、下旬。秋季露地栽培于6月中、下旬播种，7月下旬定植，10月下旬可收获。每亩播种量为50克。

(5)奇石红。由荷兰引进的紫甘蓝品种。从定植到收获需65～70天。奇石红紫甘蓝适宜于春、秋保护地及露地栽培。

74. 紫甘蓝栽培应掌握哪些技术要点？

(1)早春地膜覆盖栽培。

①育苗。选择适栽品种，根据不同地区的气候条件，于元

月中旬左右在温室、阳畦、大棚等场所进行育苗，每亩播量 50 克，需苗床面积 10～15 米^2。播种前对种子用 50～55℃水烫种，然后在 30℃水中浸种 2～3 小时，用沙布包好置于 20～25℃环境下催芽，有 70%种子出芽后，采用撒播法进行播种。

②苗床管理。

a. 温度。紫甘蓝不同苗期对温度要求不同，宜采用先控后促的管理措施：幼苗出土前气温保持在 18～20℃；2～3 天出苗后到分苗前 20～30 天内，白天气温 15～18℃，夜间气温 8～10℃；分苗到定植前，白天气温 20℃左右，夜间 10℃左右。由于甘蓝类蔬菜春化阶段最适温度为 5～6℃，一方面越冬前要严格控制幼苗生长，防止苗子过大，同时苗床温度控制不可过低，防止引起早期抽薹。定植前对幼苗进行低温锻炼，在不受冻害的情况下，尽量降低温度，以适应早春露地环境，利于定植后缓苗和成活。

b. 水分。紫甘蓝适宜在湿润的环境条件中生长，苗床土壤湿度保持在 70%～80%为最佳，因此，育苗时底水一定要浇足，防止苗期浇水，引起沤根或猝倒，苗期若干旱缺水，可灌小水或洒水，并撒盖细湿土保墒。

c. 光照。紫甘蓝对光照要求不严格，强光和长日照有利于幼苗的生长和发育，因此要经常清扫棚面的灰尘，早揭帘、晚盖帘、以增加光照时间，避免种苗发生徒长。

d. 紫甘蓝的壮苗标准为。幼苗 7～9 片真叶，叶片开展，大而肥厚，蜡粉多，叶柄短阔，茎粗壮，节间短，根系发达，无病虫危害。

③定植。

a. 整地施基肥。于头一年秋或冬季地冻前深翻 20～25

厘米，整地前每亩施人粪、禽粪或牲畜粪等与土壤混合的有机肥 4 000～5 000 千克，过磷酸钙 50～80 千克，草木灰 100～150 千克，于早春地解冻后撒施，浅耕入土，耕耱平整。

b. 做畦覆膜。定植前 1 周完成做畦覆膜工作，一般采用畦高 10～15 厘米，畦宽 70 厘米，地膜要拉紧铺平，使之紧贴地面，四周压紧封严。

c. 定植。经过低温锻炼的幼苗，当土壤日平均气温稳定在 5℃以上时就可以定植，定植过早遇见倒春寒时易发生冻害，同时还可以使大苗通过春化阶段未熟抽薹。

春地膜栽培紫甘蓝，宜选择早红、红亩、紫甘 1 号等早中熟品种，行株距为(50～60)厘米×50 厘米，每亩栽苗 2 000～2 500 棵，一般穴栽后及时穴灌，水渗下后覆土。

④田间管理。

a. 水肥管理。地膜栽培的春紫甘蓝，定植后由于气温低，浇完缓苗水后前期一般不再浇水。在开始结球前开始浇小水，次数宜少。在莲座期后期，为控制茎部徒长，促进叶球分化，应进行一次小蹲苗。进入结球期后，为促进叶球迅速增大，灌水量要加大，次数要增多，并结合浇水，增施追肥，一般每亩每次追施硫酸铵 15～20 千克或尿素 10～15 千克。为了增施磷、钾肥，结球期可用 0.2%～0.3%的磷酸二氢钾喷雾，每隔 7～10 天 1 次，连喷 2～3 次。

b. 防止早期抽薹。春季栽培紫甘蓝，在成熟前，因品种、气候、栽培等因素，使幼苗通过春化而早期抽薹，造成大幅度减产。防止早期抽薹的措施是：第一，选用冬性强、纯度高的品种。第二，根据早、中熟品种的特点，适期播种，特别对冬性弱的早熟品种，播种期要严格掌握，不能过早播种。一般北方

地区应在12月份以后播种。第三，加强苗床管理，注意通风调节温湿度，科学进行施肥和灌水，既使幼苗达到壮苗标准，又不使幼苗的春化温度下提早抽薹。

⑤采收。当紫甘蓝叶球紧实后，就应及时分批采收，若采收过迟，叶球会开裂或腐烂，影响产量和品质。

(2)夏季栽培。夏紫甘蓝一般于4～6月份播种，7～9月份采收，以调节夏淡季，增加淡季花色品种。夏紫甘蓝的莲座期和结球期正值秋高温多雨或高温干旱季节，不利于植株生长，结球小，不紧实，易裂球腐烂，加之病虫害严重，导致产量低、品质差。因此，在栽培管理上应注意以下几点：

①根据本地区气候特点，尽可能地选择冷凉地区进行栽培。同时要选择地势高燥、空旷通风、排灌良好的田块进行栽培。

②选择早熟、抗热、抗病性强的品种例如紫甘1号等。

③夏紫甘蓝定植选在傍晚或阴天进行，采用小高畦或高垄栽培，必须带土移植，以利缓苗。其发棵小，可适当密植，但不可过密，否则有碍通风。要及早追肥，少量多次，促进早发棵，早结球，以达到早熟高产。灌水宜在早晚进行，要小水勤浇，切忌大水漫灌。要及时除草，浅中耕。

④注意防治病虫害，及时进行采收。

(3)秋季栽培。秋季气候凉爽适宜紫甘蓝结球，比春、夏季产量高，因此秋季栽培是紫甘蓝的主要栽培形式。

①选择适宜品种适期播种。秋紫甘蓝应选用中、晚熟品种，根据品种生育期决定播期。北方一般应于6月中、下旬到7月中旬播种。

②育苗。育苗是秋紫甘蓝整个栽培过程中的重要环节。因播种期正值夏季高温、暴雨季节，对出苗和幼苗生长都不

利，因此，育苗时要注意遮荫防雨。育苗多采用遮阳网或搭阴棚的方法，也可采用小拱棚旧塑料部分覆盖，接近畦埂处留20～30厘米，以利通风降温。夏季幼苗生长速度快，苗龄不宜过长，一般30～40天为宜。当幼苗长到6～8片真叶时即可定植。

③适时定植、保证全苗。秋紫甘蓝定植时外界气温高，应选择阴天及傍晚进行，定植前1天苗床要浇透水，以利起苗多带土。定植行株距为60厘米×50厘米，定植水要浇足，缓苗后及时补浇一水，做好补留工作，保证苗壮苗全。

④田间管理。进入9～10月份，气候凉爽是紫甘蓝最适宜的生长季节，生长速度快。在形成肥大莲座叶后应及时进行蹲苗，控制莲座叶的生长，防止营养生长过旺，促进叶球生长，及早转入结球。进入结球期要以促为主，管理方法同春露地栽培。

75. 怎样确定甘蓝的适宜采收期？采收时应注意哪些问题？

甘蓝宜在叶球紧实时采收。早秋和早春蔬菜淡季，叶球适当紧实即可采收上市。11～12月份天气适宜，叶球充分紧实后采收。甘蓝叶球成熟后，若天气暖和仍能继续生长，冬季天气比较暖和的地区或年分，叶球成熟不采，常因内部继续生长而开裂。如要延期采收，铲断根系能抑止生长，减少开裂。

采收时应注意：

①采收前5天不浇水，以免出现炸球现象。

②采收宜在傍晚或清晨时进行，切不可在午间或雨后采

收，否则易发生腐烂。

76. 甘蓝采收后需要进行哪些处理？

(1)预选与整理。采收后，要对甘蓝进行预选和整理，选择叶球发育完好，成熟紧实，无病虫害的菜棵，并除去外表的枯黄烂叶。

(2)摊晾预冷。具体方法为：在阴凉地方摆码两层，下层根朝下，上层根朝上，用秫秸或草袋稍加覆盖。入贮前需再加修整，去除烂叶和失水过多的黄叶，剔除发育不良、结球松散及病虫为害的叶球。

(3)药剂处理。为了预防贮藏病害，可在修整后用2.5%新科源果蔬保鲜剂2号或0.2%托布津和0.3%过氧乙酸混合液蘸根。用消石灰蘸根也有一定的防腐作用。药剂处理多用于冷藏和气调贮藏。

77. 花椰菜的优良栽培品种有哪些？怎样选择品种？

花椰菜又名菜花、白菜花，是甘蓝种中以花球为产品的一个变种，原产地中海沿岸。

按生长期长短分类：

(1)极早熟品种。这类品种耐热、耐湿性强、喜高温，花芽分化早、生长期短，从定植到收获40～50天。植株矮小。花球小，单球重0.3～0.5千克，产量低，适宜夏播秋收。代表品种有：夏雪40、福州40天、湖里40天、夏花40天、矮脚59天等品种。

(2)早熟品种。这类品种耐热、耐湿性较强，花芽分化较早。从定植到收获50～70天，单球重0.5～1千克，适宜夏播秋收。代表品种有：丰花60、白峰、津品60、泰国耐热40天、龙峰60天、夏花60天、福州60天、泉州60天、同安60天、温州洁丰60天等品种。

(3)中熟品种。耐低温能力较强，花芽分化较晚。从定植到收获70～90天，植株生长势较强，花球致密紧实、单球重1～2千克，适宜夏秋播，秋冬收获。代表品种有：津雪88、云山、福州80天、泉州粉叶80天、同安矮脚80天、夏花80天、田边80天、温州80天、龙峰80天、申花3号、一代天使80等品种。

(4)晚熟品种。耐低温能力强，喜冷凉的气候条件，花芽分化较晚，从定植到收获90天以上。植株生长势强，植株高大，花球致密紧实、单球重2千克以上，适宜秋播，秋冬收获。代表品种有：福州100天、同安100天、同安120天、登丰100天、巨丰130天、傲雪、荷兰83、祁连自雪等品种。

78. 怎样确定花椰菜的栽培季节和茬口安排？

露地栽培季节主要是春、秋两季。南方亚热带区，一般在7～11月份依品种熟性不同排开播种，10月至翌年4月份收获。长江、黄河流域，春茬10～12月份播种，翌年3～6月份收获；秋茬6～8月份播种，10～12月份收获。华北地区，春作2月上、中旬播种，5月中下旬收获；秋茬6月下旬至7月上旬播种，10～11月份收获。北方寒冷地区，春茬2～3月份

播种,6～7月份收获;夏茬4月份播种,8月收获;秋茬6月份播种,9～10月份收获。

79. 花椰菜对栽培环境有哪些要求?

(1)温度。喜冷凉,耐热耐寒能力都不及结球甘蓝。种子发芽适温为25℃左右,营养生长适温8～24℃,以15～20℃最好。花球形成适温15～18℃,超过24℃时花球松散,抽生花薹,但一些早熟耐热品种25℃时仍可正常形成花球。低于8℃时,花球生长缓慢,遇0℃以下低温花球易受冻害。

花椰菜在5～25℃范围内均能通过春化阶段,在10～17℃大幼苗时通过最快。

(2)光照。花椰菜属于长日照植物,但对日照长短要求不如结球甘蓝严格,通过春化后,不分日照长短均能形成花球。

(3)湿度。喜湿润环境,不耐干旱,也不耐涝。

(4)土壤与营养。适于土质疏松、耕作层深厚的肥沃土壤,最适土壤pH6.0～7.0。喜肥耐肥。对硼、镁等元素有特殊要求,缺硼常引起花茎中空或开裂;缺镁时下部叶变黄。

80. 花椰菜栽培对底肥有哪些要求? 怎样施底肥?

早熟品种生长期短,对土壤营养的吸收比中晚熟品种少,但生长迅速,对营养要求迫切。所以早熟品种的基肥应以速效性氮肥为主,一般亩施人粪尿1 500千克,或猪、牛厩肥

1 500～2 000 千克。中晚熟品种生长期长，基肥应以厩肥和磷钾肥配合施用，一般每亩施猪、牛厩肥 2 500～3 000 千克，或人粪尿 1 500～2 000 千克，再加入过磷酸钙 15～20 千克，草木灰 50 千克。也可用粪干、饼肥等有机肥料，每亩施用 500～1 000 千克，再加过磷酸钙 20 千克，草木灰 50 千克。

81. 花椰菜栽培对做畦有哪些要求？怎样做畦？

花椰菜适宜在壤土、沙壤土上种植，低洼田等排水不良的田块不宜栽种。如遇地下水位高的田块，应采用深沟高畦进行种植。早熟种栽培整成畦宽 0.7～0.8 米，中熟种栽培整成畦宽 0.8～0.9 米，晚熟种栽培整成畦宽 0.9～1.0 米，畦长 6～10 米，依灌水方便而定。

82. 怎样确定花椰菜的定植密度？

一般早熟品种每亩定植 3 300～3 600 株，株行距 40 厘米×40 厘米；中熟品种 3 000 株，株行距 50 厘米×45 厘米；而中晚熟品种 2 700 株左右为宜，株行距 55 厘米×50 厘米。同时土壤肥力的高低也是确定种植密度的因素。土壤肥力高，植株开展度较大，就适当稀些，反之就应稍密一些，以便获得较高的产量。

83. 花椰菜定植应注意哪些问题？

①定植时间要适宜。当幼苗生长到六叶一心，露地 10 厘

米，地温达到10℃以上时定植。定植不宜过早，过早因地温低、气温多变而缓苗慢、生长慢，植株定植后会发生“早期现球”现象。定植过晚，则成熟期拖后，栽培效益低。

②夏秋高温季节定植，晴热天宜在下午14:00时后或阴天进行。

③定植时秧苗大小要分开，且尽可能带完好土坨，少伤根，缓苗时间短，有利植株生长。

④定植苗龄不宜过大，否则易使植株老化，定植后缓苗慢。

⑤)定植株行距为40厘米×40厘米。

⑥定植后用3‰～5‰的高效复合肥液作定根肥水。

84. 花椰菜栽培对水分有哪些要求？怎样进行水的管理？

花椰菜喜湿不耐涝，是需水量较大的旱地作物，合理科学灌溉对促进花椰菜生长，提高产量，改善品质以及降低病虫害的发生有着重要作用，但花椰菜在各个生育阶段对水分的消耗不一样，特别是中后期更应注意水分管理。现将各个时期管水要点介绍如下：

(1)苗期小水勤浇。花椰菜应选择水源充足，地下水位低，坡度小，排灌方便的地块。从定植后至缓苗，一般采取小水勤浇，保持土壤湿润，以利幼苗成活。晴天坚持每天傍晚浇水。

(2)缓苗后薄水勤浇。缓苗后，植株进入营养生长阶段，叶面积增大，根系生长加快，需水量也逐渐增加，此期应采取

薄水勤浇，以促进根系深扎。土壤湿度掌握在田间最大持水量的60%左右。

(3)蹲苗期中耕控水。花椰菜在莲座形成之前，应掌握好时间，切断水分供应，避免徒长，促使营养生长转入生殖生长，并结合中耕施肥。

(4)结球期供足水分。这个时期的水分管理特别重要。开始结球时，花椰菜需水量加大，水分供应不足会抑制营养生长，造成提早形成花球，花球小且质量差，因此，这个时期应供足水分，有条件的地方可采用沟灌，使水布满畦面，待渗透土壤后，将余水排掉。土壤湿度掌握在田间最大持水量70%～80%。但应注意的是，结球期浇水不能把水浇到叶球上，以免损伤花球，另外切忌盲目灌水，若水分过多，土壤湿度过大，花球易染病害，而且因土壤通透性降低，影响根系生长，严重时造成植株凋萎。

(5)收获期适当控水。花椰菜到了收获期，应适当控制水分供应，特别是在收割前3天，不宜浇水，以提高贮运性能。雨水多时，应清沟排水，忌积水。

85. 花椰菜栽培对施肥有哪些要求？怎样进行施肥管理？

(1)需肥特点。花椰菜对硼、镁等微量元素有特殊要求，缺硼时常引起花茎中心开裂，花球变为锈褐色，味苦。缺镁时，叶片变黄。施氮量增多时产量增加，特别是花蕾发育期，养分的吸收与施肥量呈正比。如果氮素供应不足，会使叶片

中的养分向花苗运输，下部叶片变黄，甚至脱落。所以在花蕾形成期应施足肥料，在多雨的地区和年分多施钾肥，效果很好。在有机质多的肥沃土壤上，钾肥量大，施氮少对花蕾的重量影响较小。

(2)施肥技术。花椰菜栽培分春作和秋作两茬，多采用育苗移栽。为培育壮苗和利于缓苗，在分苗及定植均可随水追施低浓度的人粪尿。秧苗宜定植在有机质丰富、疏松肥沃的壤土或沙壤土上。早熟品种生长期短，对土壤营养的吸收量相对较低，但其生长迅速，对养分要求迫切。所以早熟品种的基肥除施用有机肥外，每亩还需加施人粪尿 1.5～2 吨。中、晚熟品种生育期长，基肥应以厩肥和磷、钾肥配合施用，一般每亩施厩肥 2.7～5 吨。定植缓苗后，为促进营养生长，尽快建成强大的营养体，应追肥 1 次。当花球直径长到 2～5 厘米时，为保证花球发育所需的矿质营养，需及时施肥浇水。一般从定植到收获需追肥 2～3 次。早熟品种每次每亩用人粪尿 1.5～2 吨，或氮素 20～30 千克，中、晚熟品种每次每亩施用人粪尿 2～2.7 吨或氮素 45～75 千克。

86. 什么是西兰花？有哪些主要品种？

西兰花又名绿菜花、青花菜，属十字花科芸苔属甘蓝变种。

优良品种有里绿、玉冠、早生绿、哈依姿、绿族、宝石、阿波罗、峰绿、矾绿、新绿雪、绿优、高拱王、优秀、绿带子、梅绿 90、曼陀绿、绿风、绿雄 90、圣绿、超优等。

87. 栽培西兰花应掌握哪些技术要点?

(1)品种选择。露地栽培宜选用早熟耐热品种;设施栽培宜选择耐寒性强的中晚熟品种。

(2)整地、施肥。一般每亩施优质有机肥 5 $米^3$、过磷酸钙 30～40 千克、草木灰 50 千克。铺施基肥后深耕细耙,做成 1.3～1.5 米宽的低畦。

(3)定植。在幼苗长到 5～6 片真叶时定植。一般每畦栽 2 行,株距 30～40 厘米,定植密度每亩 2 500 株左右。早熟品种可适当密植,以每亩 3 000 株左右。

(4)肥水管理。绿菜花需水量大,在花球形成期要及时浇水,保持土壤湿润。多雨地区或季节要及时排水,防止积水沤根。

(5)采收。在植株顶端的花球充分膨大、花蕾尚未开放时采收为宜。采收过晚易造成散球和开花。采收时,将花球下部带花茎 10 厘米左右一起割下。

顶花球采收后,植株的腋芽萌发,并迅速长出侧枝,于侧枝顶端又形成花球,即侧花球。当侧花球长到一定大小、花蕾尚未开放时,可再进行采收。一般可连续采收 2～3 次。

88. 怎样确定花椰菜的采收期? 采收时应注意哪些问题?

花椰菜适时采收直接影响花球的产量和品质。采收时因品种和栽培季节而异。一般秋菜花从 9 月中旬左右开始陆续

收获，直到气温降到 0～1℃全部收完。早中熟品种花球形成较快，现花球后 11～25 天就可以采收；而晚熟品种则需要 1 个月左右，应及时采收。

采收的标准是：花球已经充分肥大，质地致密，表面圆正，边缘尚未散开。也可用检查花球基部的方法判断适时采收期，即检查花球的基部，如果基部花枝稍有松散，即为采收适期，这时花球已充分长大，产量较高，品质也好。采收过早影响产量，过晚则品质下降。

采收采收时要小心操作，轻摘轻放，选择充分长大，表面圆正，边缘花蕾未散开的花球，每个花球带 4～6 片小叶，用于运输过程中保护花球免受损伤，以保持花球的新鲜柔嫩。一般在下午 16:00～17:00 时采收，白花球下留 2～3 轮叶片处割下，如用于假植贮藏，要连根带叶采收。雨天不宜采摘。

89. 花椰菜采收后应做哪些处理？

(1)整理。花椰菜采收后，要及时将从田间采收时带来的残枝败叶、泥土等清除掉，以减少贮藏中病害的传播源。如果把这些残枝败叶带到贮藏环境中去，这些已接近坏死的部分，遇到较高湿度等不利的环境，极易发霉腐烂。

(2)分级。适宜贮藏的花球标准是：花球直径为 15 厘米左右，重量在 0.5～0.8 千克的中等花球，花球致密、洁白、无虫害、无病毒、无损伤、无污染。操作人员应戴手套，在挑选过程中要轻拿轻放，以免造成机械损伤。

(3)清洗。清洗的目的主要是为了除去沾附着的污泥，减少病菌和农药残留，提高商品价值。清洗使用的洗涤水一定要干净卫生，可加入适量的杀菌剂，如次氯酸钠、漂白粉等。入贮前必须除去游离水分，防止贮藏中使花球霉烂。

(4)预冷。采收后的果蔬，在贮运、加工前应迅速除去田间热，及时将其温度快速冷却到规定的温度的过程称为预冷。通过预冷降低呼吸强度，减少产生的呼吸热，从而减少采后损失。目前普遍采用冷库预冷，也可采用自然降温预冷。但此法受当时的外界温度制约，效果较差。

(5)防腐。在清洗过程中，只能去除表面的污染物，容易影响贮藏的时间和质量。为了比较彻底的杀菌，采后可用0.2%～0.3%的苯莱特、多菌灵等喷洒或用仲丁胺熏蒸杀菌，可用来防止贮藏中花球的表面生霉。同时，由于保护叶在贮藏中容易老化或脱落而腐烂，影响贮藏质量。因此，可在贮藏前用50毫克/千克2,4-D溶液蘸根，然后在阴凉处晾半天，使外叶水分适当蒸发变软，方可装箱。但在入贮前必须保证花球无游离水分，而且贮藏库也要事先进行消毒。除此之外，在贮藏期间可在贮藏室内放置适量的高锰酸钾载体来吸收乙烯，减缓花椰菜的衰老，有利于延长贮藏时间。

六、白菜类蔬菜病虫害防治技术

90. 怎样识别白菜类蔬菜苗期猝倒病?

幼苗发病是在出土后移苗前近地面处茎基部先呈水渍状,绕茎扩展后,变黄缢缩变细,不等子叶凋萎就倒伏,开始时个别幼苗发病,几天后就成片猝倒,地面潮湿时,在病部可观察到白色绵状霉。

91. 怎样防治白菜类蔬菜苗期猝倒病?

①育苗时,用没用过除草剂的大田土做床土,并经过充分晾晒。施肥要充分腐熟。播种前,每平方米苗床用 5 克五氯硝基苯,加 10～15 千克细土,充分拌匀后,播种前撒 1/3 做底土,播种后用 2/3 的药土做盖土。或者用 4～5 克五氯硝基苯加 4～5 克代森锌(简称叫五代合剂)混合效果更好。

②种子消毒:播种前用 55℃温水浸种 15 分钟,或用种子重量 0.4%的 50%福美双可湿性粉剂,或种子重量0.3%～0.4%的 65%代森锌可湿性粉剂拌种,杀灭种子所带病菌。

③播种前苗床底水以及苗期用水不能太多,防止水分大土温低,保持苗床有比较充足的光照条件防止徒长。甘蓝、白

菜等喜冷凉蔬菜育苗期要防止高温，白天最高不超过 25℃，夜间 12℃左右。

④药剂防治：发现病苗及时拔除，并用 1∶1 五代合剂(40%五氯硝基苯加 65%代森锌)5 克加水 1 500 毫升，喷洒病苗根际床土，控制病害的蔓延，床土湿度过大时用干土面或草木灰撒入床面降湿。

92. 怎样识别白菜类蔬菜苗期立枯病？

立枯病主要为害甘蓝类、白菜类及芹菜等作物秧苗，刚出土的子叶苗和大苗均能受害，一般都发生于育苗中后期。感病幼苗茎基部出现暗褐色病斑，明显凹陷，病斑横向扩展，绕茎一周，幼茎病部逐渐收缩，枯死。

立枯病病菌可通过土壤、种子、有机肥、灌溉水、雨水等传播，苗床高温高湿有利于该病的发生与蔓延。苗床通风不良、幼苗徒长，或土壤水分忽高忽低、光照不足均易发病；有时高温干旱也易发病。

93. 怎样防治白菜类蔬菜苗期立枯病？

①严格苗床地选择，施用充分腐熟的有机肥。

②进行苗床和种子消毒。

③加强苗床管理，及时通风降温排湿，早移苗。

④药剂防治，可用 75%百菌清可湿性粉剂 600 倍液，70%代森锌可湿性粉剂 500 倍液喷雾。

94. 怎样识别白菜类蔬菜霜霉病?

霜霉病主要为害叶片,常同白斑病混合发生。幼苗和成株均可发病,小白菜子叶也可染病,幼苗发病,叶面出现褪绿或变黄的凹陷病斑,叶背长出白色霉状物似霜状,高温时病部出现近圆形枯斑;成株发病,自下部叶片开始,叶面出现褪绿斑或黄斑,受叶脉限制,病斑呈褐色多角形,湿度大时,叶背长出白色霜状霉层,严重时病斑可连成片,使叶片早期枯死,直接影响产量。种株发病,花柱往往畸形,甚至肿大,花、荚上生坏死斑,潮湿时出现白霉。严重时,叶片枯黄、干枯,影响籽粒生长。

95. 怎样防治白菜类蔬菜霜霉病?

(1)农业防治。与十字花科蔬菜实行 2～3 年轮作。选用抗病品种。为防止种子带菌,对种子进行处理,播种前可用种子重量 0.4%的 50%福美双可湿性粉剂,或种子重量 0.3%的 25%甲霜灵可湿性粉剂拌种,或用 25%百菌清可湿性粉剂拌种。杀灭种子所带病菌。适期播种,发病严重地区应适当晚播 3～5 天。

在田间管理上选择地势高燥,排水方便的地块,深翻垄做高垄栽培和加强田间管理。施足基肥,合理追肥,增施磷、钾肥料。定苗时除去病苗和弱苗,合理灌溉,预防高温,结球期不可缺水。8 月中旬出现中心病株时,立即采取防治措施。发病严重时,应摘除病叶,清出田园烧毁。

(2)药剂防治。中心病株出现后，可选用 72.2%霜霉威水剂 600 倍液、65%代森锌可湿性粉剂 500 倍液、50%甲霜铜可湿性粉剂 600 倍液、90%疫霜灵可湿性粉剂 500 倍液、58%瑞毒霉锰锌可湿性粉剂 500 倍液、70%乙·锰可湿性粉剂 400 倍液、70%代森锰锌可湿性粉剂 500 倍液、50%灭菌丹可湿性粉剂 500 倍液、72%杜邦克露可湿性粉剂 600～800 倍液、75%百菌清可湿性粉剂 600 倍液喷雾，药剂交替使用，每隔 7～10 天喷 1 次，连喷 2～3 次，遇雨补喷。

96. 怎样识别白菜类蔬菜软腐病?

白菜类蔬菜软腐病为害叶片、叶柄和根茎。一般在包心期发病，病株外叶的叶缘和叶柄或短缩茎呈褐色水浸状软腐，病部黏滑有臭味，干燥后呈薄纸状贴在叶球上。也有的外叶萎蔫、下垂或平摊在地面上，使叶球外露呈脱帮状。根茎处组织黏滑状腐烂，并有黑褐色黏稠物质，加之其他病菌的侵入散发恶臭味，最后全株腐烂死亡。

97. 怎样防治白菜类蔬菜软腐病?

(1)农业防治。与十字花科蔬菜实行 2～3 年轮作。深翻晒地，阳光杀菌或深埋细菌；选用抗病品种，调整播种期；垄作，合理密植，低洼地、排水不畅地块适当稀植；加强田间管理，预防高温高湿；进行种子和土壤消毒。

(2)药剂防治。8 月末至 9 月初可选用 50%代森铵可湿性粉剂 1 000 倍液、敌克松原粉 800～1 000 倍液、47%加瑞农

可湿性粉剂 500～800 倍液、77%可杀得可湿性粉剂 400 倍液灌根。

发病初期及时喷药，注意将药喷到近地表的叶柄和茎基部，流入菜心最好。选用 50%琥胶肥酸铜可湿性粉剂 500～600 倍液、72%农用链霉素可溶性粉剂 4 000～5 000 倍液、77%可杀得可湿性粉剂 500～600 倍液、或抗菌剂“401”500 克加水 250～300 千克喷雾，隔 7～10 天喷 1 次，连喷 2～3 次。对铜制剂敏感的品种要注意防止产生药害。

98. 怎样识别白菜类蔬菜病毒病？

植株感病后，先在幼嫩叶上产生明脉，随后呈花叶症状。重病株矮化畸形，叶片皱缩。有时在叶部形成密集的黑色小环斑，严重时植株不包心，不结球。

99. 怎样防治白菜类蔬菜病毒病？

(1)选育抗病品种。大白菜选用“夏阳”及市农科所新育成的“夏抗 50 天”。

(2)苗期防蚜与避蚜。2.5%功夫乳油 4 000～5 000 倍液；2.5%溴氰菊酯可湿性乳剂 4 000 倍液喷防。用银灰色或乳白色反光塑料薄膜或铅光纸培育白菜幼苗，具有拒蚜传播作用。

(3)加强田间栽培管理。水旱轮作，增强菜株的抵抗力，铲除田边杂草，减少病毒传染机会。

(4)定植前后的药剂防治。定植前 1 周，定植后 1 周和 2

周各喷1次NS-83增抗剂100倍液，或5%植病灵水剂300倍液；或20%病毒A可湿性粉剂200倍液。

100. 怎样识别大白菜干烧心病?

大白菜干烧心病在结球初期即可发病，从幼嫩的叶子前端边缘处先呈水浸透明状，逐渐变为黄褐色、干枯，有时叶柄产生褐色条斑，最后形成“烧心”。但主要发生在大白菜包心期的球叶部分。球叶外观正常，剥开球叶，可见内部叶片局部黄化，叶肉呈干纸状。叶组织呈水渍状，叶脉暗褐色。病区汁液发黏但无臭味，病健部分界限清晰，有时出现干腐或湿腐。贮藏期间由于杂菌腐生，发生腐烂。

101. 怎样防治大白菜干烧心病?

(1)农业防治。选用抗病品种，一般本地品种抗病能力较强，外引品种抗病性较差。适时晚播，施足腐熟有机肥，避免氮肥过多，增施磷、钾肥，中性、偏酸性土壤施用草木灰(盐碱地勿施草木灰)，补钾增钙。适时适量灌水、蹲苗、及时中耕等加强田间管理。

(2)药剂防治。莲座期至包心期喷洒0.2%～0.5%氯化钙溶液，或0.7%氯化钙和50毫克/千克萘乙酸混合液，或1%过磷酸钙溶液及0.7%硫酸锰溶液，每隔7～10天喷1次，共喷2～3次，每株喷20毫升左右；若同时混喷0.2%～0.3%磷酸二氢钾，防病作用更好。或在包心期向心叶撒含16%氯化钙和5%硼的颗粒剂。

102.怎样防治蚜虫?

蚜虫又称蜜虫、腻虫。白菜、甘蓝等十字花科蔬菜为主要为害对象,在苗期至结球期都可受害。还为害番茄、辣椒、茄子、马铃薯、菠菜等多种蔬菜。以成蚜和幼蚜在叶背吸食汁液,轻者形成褪色斑点,叶发黄;重者叶面卷曲,植株矮小,皱缩变形,影响白菜、甘蓝的包心结球。此外,蚜虫还传播病毒病。蚜虫繁殖的适宜温度为15~26℃,适宜相对湿度为75.8%以下。每年发生10多代至20多代,高温干旱年份发生重。

防治方法:

(1)农业防治。及时清除杂草和残株败叶,清洁田园,减少虫源。利用黄板诱蚜杀灭有翅蚜,用60厘米×40厘米黄板,每亩30~40块,涂上黄色油漆,再涂一层机油,插在田间,高约70厘米;或用银灰色塑料薄膜条挂在田间或育苗床避蚜,或与高秆作物间作都可收到较好的效果。

(2)药剂防治。可选用50%辟蚜雾可湿性粉剂2 000~3 000倍液、40%乐果乳油1 000~1 500倍液、50%辛硫磷乳油1 000~2 000倍液、0.3%苦参碱水剂800~1 000倍液、或20%速灭杀丁乳油2 000~3 000倍液喷雾,7天喷1次,连喷3次。保护地可用烟剂。

103.怎样防治菜青虫?

菜粉蝶的幼虫叫菜青虫,以菜青虫为害白菜、甘蓝、油菜、小白菜等十字花科蔬菜为主。菜青虫青绿色，背浅淡黄色，腹面绿白色。可分5龄，1～2龄菜青虫啃食叶肉，留下一层薄而透明的表皮，3龄以上食量显著增加，5龄为暴食期，把叶片吃成孔洞或缺刻，严重时吃光叶片，仅剩叶脉。如菜青虫被包在菜心里，可在叶球里取食，排泄粪便，污染菜心。严重时，影响白菜、甘蓝等叶菜的产量和质量，失去商品性。为害造成的伤口容易诱发软腐病。菜青虫在16～31℃，相对湿度68%～80%时为害重。

防治方法：

(1)农业防治。合理布局，避免连作，清除田间残株老叶及周围杂草，深翻土壤是压低夏季虫口密度，减轻秋白菜、甘蓝等受害的有效措施。

(2)生物防治。用青虫菌可湿性粉剂500倍液、苏云金杆菌(Bt乳剂)可湿性粉剂300～600倍液等叶面喷洒，或者释放赤眼蜂。

(3)药剂防治。最好在菜青虫2龄前用药，可选择喷施50%敌敌畏乳油1 000倍液、50%辛硫磷乳油1 000～2 000倍液、40%菊杀乳油2 500倍液、20%吡虫啉可湿性粉剂1 000～2 000倍液或阿维菌素5 000倍液喷雾。

104. 怎样防治跳甲?

黄条跳甲又称黄曲条跳甲、菜蚤子、地格子、地蹦子。成虫体长2.2毫米，为长圆形的小硬壳虫，黑色有光泽，两翅各有一条黄色竖条。幼虫长圆筒形，长约4毫米，成虫和幼虫都能为害。

一年发生3～5代，夏季干旱发生较重，以成虫在土壤中或杂草中越冬。成虫主要为害叶片，取食叶肉，把叶子咬成许多小孔，对一些叶片较厚的只啃食叶肉而留下一层表皮，形成许多透明小孔。成虫喜欢幼嫩部分，所以一般白菜、甘蓝、油菜等幼苗期受害严重。幼虫生长在土中，取食地下部分，剥食菜根的表皮，当幼虫较多时，可在根的表面蛀成许多弯曲的虫道，使地上部分逐渐发黄而死。虫口容易使病菌侵入，使其感染病害。

防治方法：

(1)土壤消毒。在播种或移苗之前进行消毒，杀死跳甲幼虫和虫蛹。可选用德国进口的土壤改良药肥——庄伯伯进行防治，每亩使用30千克，与有机肥一起使用效果更好。除了可减少跳甲虫的危害外，它可同时防治线虫及其他地下害虫，减少土传病害的发生(如根肿病、猝倒病、枯萎病、青枯病等)，抑制杂草的萌发，综合解决了病、虫、草害。同时可提供作物生长需要的氮肥和钙肥，调节土壤的酸碱度。但要注意此药肥必须在整地的时候才能使用，且要严格按照使用方法使用，否则会引起烧苗。

(2)实行轮作。跳甲主要危害十字花科作物，如以菠菜和生菜与萝卜、白菜、菜心等十字花科作物进行轮作，可大大减轻跳甲虫的危害。特别是在跳甲虫的高发期，可减少对十字花科作物的种植，避免受害。

(3)育苗移栽。跳甲从幼虫到成虫的时间大概需要22～28天，如果采用直接播种种植方法，如菜心也需要20多天的时间才收，这样蔬菜种植后期就刚好是跳甲虫危害的高峰期，损失惨重；假如采用育苗移栽，菜心的生长期大概在18～20

天，这样就可以避开跳甲的高危害期。收获后再进行土壤消毒处理。

(4)喷施杀虫剂。根据作物的生长情况，选准药，交替使用农药，使用低毒低残留农药，达到事半功倍的效果。

①早期喷药防迁飞。选用 Bt(500 倍)＋杀虫双(1 500 倍)＋敌敌畏(1 500 倍)，可防治跳甲迁飞和扩散，可以兼防治吊丝虫，而且成本较低、效果好。

②中期喷药防繁殖。地面可用毒死蜱 1 000～1 500 倍喷施、地下可用辛硫磷 1 000 倍淋地或用佳丝本颗粒剂撒施于畦面上淋水。辛硫磷淋施浓度要低，淋施过后要淋水，避免烧苗。

③后期喷药防超标。选择低毒低残留农药，预防农药含量超标，可考虑使用鱼藤酮＋锐劲特，在收获前 3 天使用。

④黄曲条跳甲成虫善跳跃，遇惊动即跳走，多在叶背、根部、土缝处等栖息，取食多在早晨和傍晚，阴雨天不太爱活动。因此，如在白天防治，黄曲条跳甲成虫或遇惊动跳走，或潜伏在土缝中，药液不容易直接喷到，造成防治效果较差。因此，在喷药防治中一要改进喷药操作方法：应四周先喷，包围杀虫，防止成虫逃窜；喷药动作宜轻，勿惊扰成虫。二要适时喷药：温度较高时成虫大多数潜回土中，可在早上 7～8 时或下午 17:00～18:00 时(尤以下午为好)喷药，此时成虫出土后活跃性较差，药效好。药剂可选用 40%毒死蜱乳油(新农宝等)1 000 倍液喷雾等，并掌握距收获的安全间隔期为 7 天。

七、白菜类蔬菜贮藏加工技术

105. 怎样贮藏白菜?

白菜的贮藏一般要经过 3 个阶段，即初期阶段(12 月份之前)、中间阶段(1～2 月份)、后期阶段(3 月份之后)，不同阶段应根据白菜的自身特点和外界环境条件采取不同的措施。初期阶段，白菜含水量大，呼吸强度高，易由此引起伤热，这期间伤热是主要问题；中期阶段，外界气温较低，应注意防止白菜受冻害；后期阶段，白菜的生长点开始活动，呼吸增强，内耗开始剧增，因此，应保住适宜的低温，延长贮藏期。

白菜的贮藏方法有堆藏、埋藏、窖藏、冷藏等多种方式，应因地制宜，灵活运用。

(1)堆藏。此种方式简便宜行，适于气温未达到封冻时的短期贮藏。选取地势较平整的地方，铺一层林秸或稻草。将白菜堆码成双行，菜根在内相对，叶向外。菜垛下部留一定距离，便于通风换气，顶部逐渐合拢，侧面看呈梯形状。气温较低时，可用秸棵围住，封上顶。

(2)埋藏。这种方式也很简便，在黑龙江省，这种贮藏方式能维持的时间比堆藏要长一些，可延长到封冻之后一段时间。方法是，选择地势平坦的地方，挖一条浅沟，沟深与白菜高度相同，沟宽1米左右，长度可根据贮藏数量选择，挖好后，晾晒2～3天，以降低湿度。将白菜根部朝下放置在沟内，摆好挤紧，使上面平整。当气温较低时，可在白菜上覆盖一层麦秸或稻草。气温更低时，可再加厚一些；也可在白菜上覆一层干些的土。

(3)窖藏。白菜窖藏很通用，贮藏时间也长。将预处理后或已贮藏过一段时间的白菜送入窖中，堆码，沿窖长方向单行堆；码高2米左右，一个窖内可垛数码，码与码之间要保持一定的距离，便于通风和管理。为防止倒垛，可用木棒进行支撑。密藏时，应通风不受冻，保温不伤热，必要时可进行机械通风。

(4)通风库贮藏。这是大规模商业化贮藏的一种方法，白菜采后可不经晾晒直接入贮。贮藏鲜菜必须用菜架来单层或双层摆菜。最好在通风口处架设风机，以强制通风调节库温，并需要在贮期内适当翻翻菜、摘菜。在通风库内可以筐装堆贮或码贮，其管理同前。

106.怎样贮藏甘蓝？

(1)窖藏。由于甘蓝耐寒性较白菜强，入窖时间可略晚于白菜，在窖内可以堆码贮、架贮和筐装堆贮。码垛可码成三角形垛、长方形垛，最好是架贮，每层架上可摆放2～3层，架贮利于通风散热。筐装堆码也利于通风。

(2)埋藏。在地势较高、排水好的地块挖宽1.5～2.0米，深视当地气候和堆放层数定，一般要求1.2～1.5米深，沟内

可堆放2～4层甘蓝。对那些结球尚不紧实的甘蓝，上面覆盖秸秆，以后再根据外温变化逐步覆土或盖秸秆，以防冻害。还可以连根拔起，保留外叶，将其根朝下排紧码实，假植在沟内，土干时还可少浇些水，适当覆盖防冻，在贮藏中叶球将会进一步充实增重。埋藏时，注意不要封埋过早，以免伤热造成腐烂。

(3)冷库贮藏。甘蓝适宜冷藏，尤其是春甘蓝或贮藏必须冷藏。将收获后经过散热预冷并经修整的甘蓝，装筐或装箱，在库里堆码，堆码时注意留有空隙，以利通风排热。贮期控制库温在－1～0℃，相对湿度90%～95%即可。在冷库内甘蓝也可以利用菜架摆放几层，上面覆盖塑料薄膜保湿，避免干耗。在装筐（箱）贮时，可以在充分预冷的基础上用约0.02毫米厚的薄膜包菜，或单棵菜装薄膜袋，这样可以减少干耗。

(4)气调贮藏。甘蓝可以利用塑料薄膜扣帐，进行气调贮藏。在0～1℃温度下，调节内部空气成分，使氧气在2%～3%，二氧化碳2%～5%，可延长贮期，并降低损耗。但由于耗费成本高，经济上不一定有效益。

107.怎样贮藏花椰菜?

(1)窖贮法。在寒冬来临前适时采收菜花，选0.5～1.0千克、花枝紧凑、花蕾致密的用来贮藏，每株保留3～5个叶片，在筐或箱内衬聚乙烯塑料薄膜，膜内垫消过毒的草包，将菜花轻放于筐或箱中，以2～3层为宜。收拢草包或塑料薄膜，但不要盖得过紧以利通风，装好后码放于窖内。窖温控制在 0～2℃。定期测定袋内气体成分，当二氧化碳达 5%时，开袋放风 1 小时左右，然后以半封闭状态贮藏。贮藏期间定期检查，此法可贮藏 40～50 天。

(2)假植法。入冬时，将花球尚小的菜花的叶子用稻草等物扎缚包住花球，小雪前将具有幼小花球的植株挨紧假植在贮藏沟内。沟宽 1.0 米，深 1.0～1.5 米。贮藏初期防热，白天盖上草席，晚上揭开，温度保持在 2～3℃后期防冻，视气温变化适当覆盖。上市前 10～15 天加厚覆盖物，使温度升高到 7～10℃或更高一些，花球渐渐长大到 0.5 千克左右，即可上市。

(3)简易气调贮藏法。将已选好的菜花装入板条箱或筐中，装量以不压伤菜花为宜。将箱或筐码垛。菜花进入塑料薄膜帐后即将帐密封，任其自行呼吸降氧。进帐后头几天呼吸作用旺盛，需每天透帐或隔天透帐，并将帐内壁凝结的水滴擦干后再密封。随后菜花呼吸减弱，可 2～3 天透帐一次。一般 15～20 天翻桩倒动一次，同时剔除黄叶、烂叶。在气调贮藏中，帐顶凝结水滴落在花球上，是引起贮藏后期菜花霉烂的主要原因之一。为防止霉烂，应注意防止水滴直接滴到花球上。要控制室温，温度高于15℃，花球腐烂也相应增加。

(4)保鲜膜单花球套袋贮藏法。菜花在贮藏前，用"克霉灵"等药物作熏蒸处理，即每 10 千克菜花用 1～2 毫升药剂。具体做法是：将选好的菜花放入一密闭容器中，用碗、碟等盛一定量的药剂或用棉球、布条等蘸取药液放在菜筐空隙处，密闭熏蒸 24 小时，熏蒸处理后的菜花，每个花球单独装入可装

一个菜花的保鲜袋，折口，放入筐或箱中，0～2℃下贮藏。贮藏温度不能低于0℃或长期高于5℃。最好用通风库或冷库贮藏。

108. 白菜类蔬菜贮藏应掌握哪些技术要点？

白菜类蔬菜贮藏期限长达半年之久，从头年11月起，直到翌年4月，甚至到“五一”节结束。在这一阶段，外界气候变化是错综复杂的，从初冬进入隆冬，气温不断下降，而且下降幅度常呈曲线趋势，经常在低温后又重新回升，这就要求贮藏技术要适应多变的复杂自然条件，既要防冻，又要注意防热。从冬至进入立春，是一年间气温最低的时期，夜间最低气温一般在－18～－10℃，白天最高气温为0℃左右，气温变化不大，只要预防受冻便可安全贮藏。由立春到清明，外界气温逐渐上升，有时可出现倒寒流现象，这一阶段既要加强通风换气，又要防止外界高温的侵袭，才能延长贮藏时间。

(1)掌握入窖时间。入窖时间应严格掌握，入窖过早，窖温过高，易发生腐烂、脱帮现象；入窖过迟，使产品在窖外受冻，尤其冻菜入窖，细胞内水分外渗，损失非常严重。

(2)贮藏管理。白菜类的贮藏管理以放风和倒菜为主。放风是为了引入外界冷凉的干燥空气，排出窖内的湿热空气，借此保持窖内适宜的温、湿度。倒菜是通过变换菜棵放置的位置，排除菜垛内的湿热空气，并摘除烂叶，清理菜体。由于贮期不同，气候条件及白菜类蔬菜的生理状况不同，因此在管

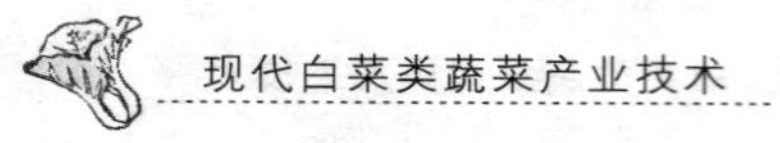

理上要随季节的变迁而有所不同。

109. 怎样制作泡菜?

(1)原料。凡组织紧密、质地脆嫩、肉质肥厚而不易软化的新鲜蔬菜均可,如白菜、甘蓝等;辅料:食盐、白酒、黄酒、红糖、干红辣椒、草果、八角茴香、花椒等。

(2)操作要点。

①原料预处理。将原料充分清洗后,剔除不可食部分,如粗皮、粗筋、须根、老叶等,形体过大者应适当切分(如大白菜一片叶子可分成 2 份或 4 份)然后晾干水。

②盐水配制。泡菜用水以井水或泉水,即含矿物质较多的硬水为好,用水量与原料等重:食盐占用水量或原料的 6%～8%,白酒或黄酒占 2.5%,白糖或红糖占 2%,干辣椒占 3%,草果、花椒、胡椒或陈皮占 0.05%,八角占 0.01%。其中食盐、白酒、白糖称好后直接倒入盐水中搅匀,干辣椒、草果、花椒、胡椒、八角用纱布包好称为香料包。

③入坛泡制。将泡菜坛子洗涤干净,沥干水分后即可将准备好的蔬菜原料装入坛内,装至半坛时将香料包放入,再装原料至距坛口 2 寸许时为止,并用竹片将原料卡压住。随即注入盐水淹没蔬菜。将坛口小碟盖上后,并在水槽中加注 15%～20%盐水,形成水封口。

(3)管理。将菜坛置于阴凉处任其自然发酵,1～2 天后由于食盐的渗透压作用,坛内原料体积缩小,盐水下落,应添加部分原料和盐水至坛口下 1 寸许时为止。泡菜成熟夏季 5～7 天,冬季 12～16 天,若利用陈水泡制,成熟期可大大缩

短。成水时间越长，泡菜质量越高。人工接种乳酸菌也可缩短成熟时间。

110. 加工速冻花椰菜应掌握哪些技术要点?

(1)原料选择。选成熟度适宜、鲜嫩、无病虫、大小均匀的花球，当日采收，当日加工。

(2)清洗。用清水洗去菜体表面的泥土污物达到清洁状态。

(3)切分。将花球切成直径2.5～3厘米花蕾体。

(4)浸泡。用2%食盐水浸泡20～30分钟，以达到驱虫目的，浸泡后在清水中漂洗一次。

(5)烫漂。烫漂液:1%食盐+0.15%柠檬酸+0.2%维生素C。菜水比1∶1.5，烫漂温度97～100℃，时间2分钟，升温要迅速。

(6)冷却。烫漂后迅速用清水将菜体冷却至室温，防止菜体过热软化。

(7)滤水。滤干菜体水分，以免带入包装袋内，影响冻结质量。

(8)包装。将菜体装入无毒、透明聚乙烯塑料薄膜袋内，每袋0.5千克。

(9)速冻。将包装后的菜体迅速送入低温冻结室，在-26℃下速冻30分钟，冷却中心点温度-15℃以上。

(10)封口。速冻后用针孔封口机将袋口密封。

(11)冷藏。将速冻后的菜体保存于-18℃低温条件下。

111. 脱水甘蓝加工技术要点有哪些？

(1)工艺流程。原料选择→清洗调理→切断、清洗→漂烫、冷却、风选→离心拌和渗透→干燥→出烘(暂放)→选别→计量包装→贮藏。

(2)原料及清洗。选用新鲜、无污染、无虫蛀的结球甘蓝，除去烂叶、老叶、内芯及不良部分，清洗时视季节、原料情况，可加适量食盐以利驱虫。

(3)漂烫及冷却。漂烫水温 90℃以上，时间 2～3 分钟，视不同规格、原料、季节和适宜的熟度作相应调整。冷却水为自来水，冷却后温度以保证菜叶不变色为度。

(4)离心拌和渗透。用离心机进行离心后的物料与添加剂按比例添加，添加剂必须符合生产标准要求和客户要求。净置渗透时间 30～60 分钟，以保证渗透效果。

(5)干燥。烘箱应提前用酒精消毒处理，干燥过程：①烘箱温度(85±5)℃，时间(2±0.5)小时；②温度(75±5)℃，时间(2±0.5)小时；③闷箱，以 3～4 箱为基准，温度(85±5)℃，时间(3±1)小时。具体可视干燥情况作适当调整，控制水分7％以下，或按客户要求控制。

(6)出烘。出烘时，先关闭蒸汽，打冷风 10～15 分钟；然后按批次顺序，定量装入包装袋；做好日期、批次、数量等标识，按规定存放于清洁干燥、防虫防鼠的环境中。

(7)选别。产品选别室温度 15～25℃，相对湿度≤60％；操作人员和选别台经消毒后方可操作，剔除不良品和杂质。

(8)计量包装及贮藏。必须按生产规定和客户要求准确称量，不得有负公差；内塑料袋密封，外纸箱胶带呈“工”字形或按生产要求封箱。贮藏库应清洁卫生，干燥（相对湿度60%以下），低温（25℃以下），密封，防虫防鼠；入库产品应做好标识，贮藏期一年。

参考文献

1. 韩世栋. 蔬菜栽培. 北京:中国农业出版社,2001.
2. 梁称福. 蔬菜栽培技术(南方本). 北京:化学工业出版社,2009.
3. 葛晓光. 新编蔬菜育苗大全/科技兴农奔小康丛书. 北京:中国农业出版社,2004.
4. 韩玉珠. 大白菜生产技术/新农村建设丛书. 长春:吉林出版集团有限责任公司,2007.
5. 汪炳良. 南方大棚蔬菜生产技术大全. 北京:中国农业出版社,2000.
6. 郭巨先. 南方白菜类蔬菜反季节栽培(南方蔬菜反季节栽培技术丛书). 北京:金盾出版社,2003.
7. 黄广学. 露地蔬菜生产与反季节栽培技术. 北京:中国农业科学技术出版社,2007.
8. 张晓伟,耿建峰. 大白菜反季节栽培技术. 郑州:河南科学技术出版社,2001.
9. 曹宗波,张志轩. 蔬菜栽培技术(北方本). 北京:化学工业出版社,2009.
10. 方智远,等. 甘蓝栽培技术(修订版). 北京:金盾出版社,2008.
11. 张彦萍,刘海河. 花椰菜绿菜花栽培实用技术/农民增收口袋书. 北京:中国农业出版社,2004.

12. 郭书普. 白菜甘蓝类蔬菜及萝卜病虫害防治原色图鉴. 合肥:安徽科学技术出版社,2004.
13. 汪兴汉. 白菜类蔬菜栽培与病虫害防治技术/南方蔬菜栽培技术指南丛书. 北京:中国农业出版社,2001.
14. 刘国琴, 张洪意,陈洪涛. 白菜类蔬菜栽培与贮藏加工新技术(农业科技入户丛书). 北京:中国农业出版社,2005.
15. 张洪意,刘国琴. 甘蓝类蔬菜栽培与贮藏加工新技术(农业科技入户丛书). 北京:中国农业出版社,2005.